Luftballons

Tom Goldberg

Copyright © 2013 Tom Goldberg
Copyright Illustrationen © 2013 Elena Pisavnina
Alle Rechte vorbehalten
Rektorat: Thomas Hanke

ISBN-13: 978-1492810780

Widmung

Für Ell

Inhaltsverzeichnis

Widmung..2
Danksagung...5
Aljoschka hat Geburtstag...6
Opa kommt!..7
Warum einige Luftballons zum Himmel fliegen und andere nicht...........9
Aljoschka schreibt einen Brief an einen Unbekannten..........................11
Was passiert mit dem Luftballon..14
Berge, Flüsse und Seen...18
Der Wasserdieb..22
Warum der Bär im Winter schläft...25
Wo ist Australien?..28
Pferde und Ponys...30
Der Rummelplatz..32
Wie ein Schmied ein Hufeisen hämmert...33
Alles Luft!..34
Alles hat einen Sinn!..37
Die Sinnesorgane...39
Der sechste Sinn..40
Wo ist das Sinnesorgan für Gleichgewicht..42
Spring höher, Aljoschka!..46
Warum würde Aljoschka auf dem Mond nur so viel wie ein Baby wiegen...........48
Wir alle kommen aus den Sternen!...49
Warum hat Aljoschka in seinem Ballon Helium und nicht Wasserstoff?..............52
Mami bekommt eine Rose aus Papier..54
Riesige Libelle ist in der Luft!..57
Wasser ist gut und nützlich!...58
Steine in der Schatulle...60
Warum der Mond nicht auf die Erde runterfällt.....................................62
Was ist Fliehkraft..63
Was ist Anziehungskraft...64
Warum dauert ein Jahr ein Jahr?..65
Warum ein Tag einen Tag dauert..69
Der Beweis der Erdrotation...71
Warum ziehen sich alle Dinge gegenseitig an?....................................73
Wie Albert Einstein die Gravitation sah...75
Wir wissen nichts!..76

Luft und Schwingung	77
Mach dir einen Brnk!	79
Warum auf dem Mond keine Vögel singen	81
Verschieden und doch gleich	82
Woher wissen wir, dass die Erde eine Kugel ist?	83
Zuerst war die Schildkröte, dann die Erde	85
Alles ist rund!	87
Nicht alles ist rund!	89
Doch ist alles rund	90
Archimedes in der Badewanne	91
Galileis freier Fall	93
Wer gewinnt die Wette?	95
Opa geht nach Hause	96
Viel zu tun	98
Das Ei-Experiment	99
Opas Pendel-Experiment	100
Das Pendel auf dem Dachboden	101
Was schief gehen kann, geht auch schief!	102
Es waren keine Räuber!	103
Opas feierlicher Schwur	103
Die letzte Schulwoche	105
Überraschung	105
Papa kommt nach Hause	108
Papa ist da	109
Papa erzählt	111
Geschenke	112
ENDE des ersten Teils von „Luftballons"	114
Was im nächsten Buch vorkommt:	115

Danksagung

Ich bedanke mich bei Elena für die Motivation und Unterstützung bei meiner Arbeit und ihrem Sohn Aljoschka, der mich mit seinen Fragen inspiriert hat. Ich bedanke mich auch für die wunderbare Bilder, die den Inhalt des Buches begleiten.

Aljoschka hat Geburtstag

Aljoschka liegt im Bett und kann nicht einschlafen. Mami hat ihm ein Märchen über einen Bär erzählt, aber er kann trotzdem nicht einschlafen. Es ist so viel los, heute! Weisst ihr, Kinder, Aljoschka hatte heute seinen achten Geburtstag! Ja!
Als er am Morgen aufwachte, waren, wie an jedem Geburtstag, viele bunte Luftballons an der Decke seines Zimmers angebunden. Als er aufstand und ins Bad lief, begrüssten ihn alle Luftballons und tanzten an der Decke vor Freude. Aljoschka putzte die Zähne und wusch das Gesicht und brachte die Haare in Ordnung, weil sie auch auf seinem Kopf tanzten, wie die Ballons in seinem Kinderzimmer. Aljoschka lief ins Zimmer und fand auf seinem Stuhl saubere Wäsche und eine Hose und ein T-Shirt mit dem Indianerhäuptling Roter Büffel. Angezogen lief er in die Küche. Mami stand am Herd, lächelte ihm zu, und Aljoschka entdeckte sofort schön verpackte Geburtstagsgeschenke auf dem Tisch neben seinem Teller.
„Aha! Der junge Mann ist gekommen. Hoffentlich gewaschen und mit blitzenden Zähnchen!", begrüsste ihn Mami.
„Ja!!!", sagte der „junge Mann" und wollte schon die schön verpackten Geschenke mit Attacke nehmen. „Stooop stopp stopp!", hielt Mami ihn an.
„Was sagt ein Gentleman, wenn er in die Küche kommt? Hm?"
„Ähm, Guten Morgen?"
„Ja. Guten Morgen, mein Sohn! Und Geschenke erst nach dem Frühstück!"
Auf Aljoschkas Teller landeten wunderbare Pfannkuchen mit Erdbeermarmelade und süssem Quark. Aljoschkas Lieblingsgericht. Er bewältigte sie schnell und durfte endlich seine Geschenke auspacken.
Es waren super sportliche Schuhe und neue Jeans. Und ein Lego! Es war ein Raumschiff mit vielen interessanten Teilen. Aljoschka will einmal Konstrukteur von Raumschiffen werden, das weiss er definitiv!
Dann gingen Aljoschka und Mami zum Karussell, das nicht weit aufgestellt wurde, und dann zum Autodrom. Er fuhr mit Mami und durfte selber am Steuer sitzen! Das machte Spass!
Unterwegs nach Hause kaufte Mami ihm einen grossen Luftballon. Der Verkäufer band ihn an Aljoschkas Handgelenk, damit der Ballon nicht in den Himmel fliegen würde, wie ein Raumschiff. Sie gingen und spielten „Worte", das Spiel, wo ein Spieler ein Wort sagt und der Zweite muss ein neues Wort ausdenken, dass mit der letzten Buchstabe des vorherigen Wortes beginnt. und der blaue Ballon schwamm neben Aljoschka in der Luft.
Zuhause schauten sie zusammen einen Film über echten Bär, der Film wurde sechs Jahre gedreht, sagte Mami. Das war klasse. Aber dann wollte Aljoschka unbedingt sein Lego-Raumschiff bauen, er hatte einfach keine Geduld mehr!
Und so ist jetzt sein Geburtstag zu Ende. Aljoschka liegt jetzt im Bett und schaut zu den am Kronleuchter gebundene Luftballons und seinen Luftballon aus dem Karussell-Platz, der an der Decke ohne jegliche Befestigung bleibt. Aljoschka fragt sich:

„Wie denn das, dass die Luftballons von Mami an der Decke mit Schnüren befestigt seien müssen, von dem Karussell-Mann jedoch nicht? Und wieso fallen die von Mami zum Boden? Und wieso schwebt Aljoschka selbst nicht im Zimmer, wie der Karussell-Ballon…

Aljoschka muss seinen Opa fragen. Der weiss alles. Aljoschka erinnert sich nicht, wann sein Opa auf irgendeine Frage von ihm gesagt hätte: „Ich weiss es nicht". Opa weiss absolut alles. Und morgen kommt Opa gratulieren. Und ein Geschenk wird auch dabei sein! Das ist mal sicher! Aljoschkas Augen sind schwer und er schläft ein. Er träumt von Raumschiffen, dem Karussell und Süssigkeiten und Ballons, mit denen er zwischen weissen Wolken schwebt, und Mami ganz unten auf einer Wiese hält eine lange Schnur, die an Aljoschkas Bein gebunden ist. Und alles ist winzig dort unten: winzige Mami, winziges Karussell, winzige Häuser und Autos wie Spielzeuge. Und Opa schwebt plötzlich neben Aljoschka in den Wolken und sie lachen vor Freude.

Opa kommt!

Es ist Sonntag. Aljoschka wacht auf und die ganze Wohnung duftet nach frischem Gebäck aus dem Ofen. Vielleicht ist es eine Torte oder ein Kuchen? Und wie ein Blitz erscheint in Aljoschkas Kopf:

„Opa! Heute kommt Opa zu uns! Oh, habe ich Opa vielleicht verschlafen? Ist er schon da?"

Aljoschka springt aus dem Bett und läuft barfuss in die Küche, auch wenn er weiss, Mami sieht ihn gar nicht gerne ohne Hausschuhe.

In der Küche ist es warm und Mami in der Schürze und Duft überall.

„Meine Pfannkuchen! Hurra!", ruft Aljoschka und seine Augen funkeln.

Mami schaut wortlos auf das barfüssige Wesen im Pyjama, das auf dem Kopf ein Bienennest hat. Oder hat sich vielleicht ein Hamster dort ein Nest über die Nacht gebaut?

„Ja, Pantoffeln! Ich gehe ja schon! Opa noch nicht da?"

„Noch nicht. Aber bald ist er da. Also, begrüsse ihn in würdigerem Zustand, mein Sohn", sagt Mami mit zärtlicher Stimme.

Und schon sitzt der junge Mann (gestern doch schon acht geworden!) gekämmt, angezogen und in Pantoffeln am Tisch.

„Zähne geputzt?", fragt Mami.

Statt zu antworten, zeigt Aljoschka seine weissen Zähne. Natürlich nicht alle, weil zwei fehlen und die neuen haben Verspätung. „Wie eine Strassenbahn", sagt Opa.

Mami stellt vor Aljoschka eine Schale mit Pfannkuchen und eine Tasse mit heisser Schokolade.

Und kaum dass das erste Stück gegessen ist, schon klingelt es an der Tür. Aljoschka läuft zur Tür mit dem Ruf des Indianerhäuptlings Roter Büffel:

„Opa! Opaopaopaaaa!"

Luftballons

Und schon schwebt er über dem weisshaarigen Kopf von Opa und spürt seinen Bart auf den Wangen und fliegt zur Decke in Opas starken Händen. Ach, wie toll es wäre, wenn er einfach selbst fliegen könnte!

„Opa, Opa! Warum fliege ich nicht, wie ein Luftballon?"

„Lass mich wenigstens den Mantel ausziehen!", sagt Opa fast atemlos.

Dann umarmt Opa Mami und Aljoschka denkt, wie klein sie in seiner Umarmung ist. Und schon sitzen sie am Tisch und Mami stellt eine grosse Tasse mit schwarzem Kaffee vor Opa, dazu Milch und eine Dose mit Zucker. Und Opa zieht was aus der Tasche. Es ist klein und in gelbes Papier verwickelt.

„Weil du seit gestern ein grosser Mann bist, habe ich da was für dich, was ich schon lange für diesen Tag aufbewahre."

Opa legt das Ding auf den Tisch vor Aljoschka.

„Alles Gute zum Geburtstag!"

Aljoschka nimmt es und packt den Inhalt aus: ein Taschenmesser. Und was für eins! Opas Taschenmesser! Aljoschka bewunderte dieses Taschenmesser seit Jahren. Opa hat es immer bei sich getragen. Aljoschka weiss genau, wie man das Messer öffnet: Man muss die kleine Zikade oben drücken.

Eine Zikade ist ein Insekt, dass in der Nacht auf der Wiese laut zu hören ist. Aljoschka hat es einmal gehört, als er bei Opa im Sommer war und Opa hat ihn in der Nacht auf seinen Armen getragen. Opa hat geschwiegen, Aljoschka auch. Und er hat die Nacht, die Natur und diese laute Musik von überall gehört und kleine Lichtkäfer gesehen. Aljoschka hat das nicht vergessen.

„Das Messer habe ich von meinem Vater. Es ist ein Laguiole. Ein Messer, das in Südfrankreich gefertigt wird. Mit der Hand! Mein Vater hat es von dort gebracht."

Aljoschka weiss, dass der Messergriff aus Olivenholz gemacht ist.

„Du wirst mit dem Messer vorsichtig umgehen", sagt Opa.

„Klar doch!", antwortet Aljoschka und umarmt ihn mit aller Kraft.

„Danke, Opa! Danke!"

Kaum das Kaffee und Schokolade getrunken sind, da zieht Aljoschka Opa in sein Zimmer. An der Decke schwebt der Karussell-Ballon und hängen Mamis bunte Luftballons herab.

„Diese Ballons hat Mami am Kronleuchter befestigt, aber der grosse ist vom Rummelplatz", informiert Aljoschka mit ernsthaftem Ausdruck.

„Er schwebt von selbst. Und wenn keine Decke wäre, würde der Ballon in den Himmel fliegen, hoch-hoch und dann... eh, hm... und dann?", weisst Aljoschka auf einmal nicht weiter.

"Und wieso schwebt der vom Karussell-Mann und warum nicht die von Mami? Und warum kann ich nicht mit dem Ballon zur Sonne fliegen? Kannst du das, Opa? Du

kannst doch alles!"
Opa schmunzelt unter seinem weissen Schnurbart.
„Na, du hast aber viele Fragen gleichzeitig, wie immer, hm? Komm, ich erkläre dir, wie es ist. Gehen wir zu Mami in die Küche. Dort duftet es so wunderbar."
Opa führt Aljoschka in die Küche und schon sitzen sie wieder am Tisch. Aljoschkas Augen glänzen vor Erwartung, er will schneller das Luftballons-Geheimnis erfahren.

Warum einige Luftballons zum Himmel fliegen und andere nicht

Opa zieht seine Pfeife aus der Tasche und füllt sie mit Tabak. Mami schaut streng, aber Opa hat als einziger Gast dieses Haushalts das Privileg, rauchen zu dürfen. Sie öffnet das Fenster. Opa zündet die Pfeife mit langem Streichholz an und angenehmes Aroma füllt die Küche, gemischt mit dem Duft von Gebäck und Kaffee. Aus der Pfeife steigt der bläuliche Rauch und aus Opas Mund - kleine Rauchwolken. Opa denkt eine Weile nach, zieht mächtig an der Pfeife und beginnt:

„Schau dich in dieser Küche ein wenig um, mein Junge. Wir sehen verschiedene Dinge um uns her: diesen Tisch, Mamis Herd, den Topf, die Uhr an der Wand und vieles mehr. Du kannst sie allen mit deinen Händen berühren, einige kannst du kaputt machen, wie den Wecker letzte Woche, der sich plötzlich selbstständig gemacht hat und zum Boden gefallen ist und seitdem zeigt er zehn Uhr vormittags auch, wenn es zwei Uhr nachmittags ist. Das sind feste Dinge. Wenn Mami eine Suppe kochen will, muss sie Wasser in den Topf geben. Was macht Wasser, wenn Mami den Topf füllt, mein Junge?"

„Das Wasser fliesst doch!", ruft Aljoschka sofort.

„Ja. Und Öl? Und Essig?"

„Auch fliessen!"

„Genau", nickt Opa und zieht an der Pfeife. „Wir nennen diese Dinge Flüssigkeiten. Weil sie eben fliessen. Welche Flüssigkeiten kennst du noch, mein Junge?", fragt Opa neugierig.

„Fluss!", ruft Aljoschka voll Stolz.

„Na, das ist ja auch Wasser, nur eher schmutziger, als aus dem Wasserhahn. Aber es ist auch Wasser. Honig ist eine Flüssigkeit. Und auch der Ketschup, den du mit deinen Kartoffelchips magst, so, dass die Chips kaum zu sehen sind. Gut. Wir sind von Dingen umgeben, welche in festem oder flüssigem Zustand sind. Die festen kannst du in die Hände nehmen, kannst sie kaputt machen. Flüssigkeiten kannst du Gott sei Dank nicht kaputt machen, aber berühren kannst du sie."

„Ja! Kaputt kann er sie wirklich nicht machen. Aber er kann sie ausgiessen, wie zum Beispiel die Limonade vor Kurzem. Mein weisses Tischtuch wurde dadurch völlig verdorben!", steigt Mami in die Diskussion ein und Opa lächelt, weil er merkt, dass sein Vortrag auch für Mami nicht ohne Interesse ist.

„Es gibt Dinge, die nicht mal du, grosser Mann, kaputt machen oder ausgiessen kannst. Sie sind gasförmig. Sie sind überall, auch in dieser Küche. Der Rauch aus meiner Pfeife ist ein Gas, der Dampf aus Mamis Topf da auch. Ein Gas gibt es in deiner Limonade, mit einem Gas wurde dein Ballon aus dem Rummelplatz gefüllt. Und die Luft, die du einatmest und die in den bunten Ballons drin ist, ist auch ein Gas. Alle diesen Dinge, die festen, flüssigen und gasförmigen, haben eine wichtige Eigenschaft. Weisst du, welche?", fragt Opa und zündet seine Pfeife erneut, weil sie inzwischen erloschen ist. Aljoschka kratzt sich den Kopf und auch Mami denkt offensichtlich nach.

„Na? Welche Eigenschaft haben alle diesen Dinge?", fragt Opa, nachdem er dreimal an seiner Pfeife gezogen hat und der Rauch in Wolken zur Decke gestiegen ist.

„Ich weiss es nicht", sagt Aljoschka nachdenklich. Auch Mami weiss es nicht. Opa lässt die beiden noch ein Weilchen schmoren. Dann verrät er das Geheimnis mit so einem Ausdruck, wie ein Matrose auf einem Segelschiff, der ein Festland entdeckte und die Mannschaft damit rettet.

„Na, einige sind schwerer oder leichter, als die anderen! Der Herd ist schwerer, als der kaputte Wecker, der Wecker ist schwerer, als meine Tasse mit Kaffee. Die Tasse ist schwerer, als meine Pfeife. Und die Pfeife ist schwerer, als der Rauch, der aus meiner Pfeife steigt. Und da sind wir bei einem sehr wichtigen Punkt angelangt. Warum steigt denn der Rauch aus meiner Pfeife zur Decke? Warum fällt er nicht zum Boden?", fragt Opa und die Spannung in der Küche wächst.

„Weil, hm, weil der Rauch leichter ist, als deine Pfeife!", ruft Aljoschka siegreich, überzeugt, er hat die richtige Antwort gefunden.

„Das stimmt zwar, aber das ist nicht der Grund", verneint Opa verständnisvoll. „Was ist hier herum? Was umgibt uns alle und auch den Herd, den Kühlschrank, Mami, die

Pfeife?"

"Na, die Küche!", versteht endlich Aljoschka.

"Luft!", verrät Opa ein weiteres Geheimnis. "Luft doch!"

"Ach ja...", gibt Aljoschka enttäuscht zu. "Aber die Küche auch", besteht er auf seiner Entdeckung.

"Ja, natürlich. Aber die Luft interessiert uns jetzt mehr, als die Küche", erklärt Opa.

"Ha, und der Kuchen, und der Kaffee und das Mittagsessen, das ich für die beiden Herren in dieser Küche produziere, soll weniger wichtig sein, als – mit Verzeihung – die LUFT?", protestiert Mami mit vorgetäuschtem Zorn.

"Natürlich ist deine Küche der wichtigste Raum in diesem Land!", korrigiert Opa sofort seine Worte. "Ich meine, für unsere Erklärung ist die Luft FAST so wichtig, wie deine Küche, meine liebste Tochter."

"Na gut", lächelt Mami und rührt was in ihrem Topf.

"Also, überall um uns herum ist die Luft. Und die Luft, wie wir bereits wissen, ist ein Gas. Und einige Dinge sind schwerer als Luft, andere - leichter als Luft. Leichtere Dinge schweben in schwereren, schwerere denn fallen runter. So schwimmt Öl auf der Oberfläche von Wasser, weil Öl leichter ist, als Wasser. Und der Rauch aus meiner Pfeife steigt zur Decke, weil der Rauch leichter ist, als die Luft. Dazu kommt, dass wärmere Gase leichter sind als kühle. Und genau so ist es mit dem Ballon vom Rummelplatz. Drin ist ein Gas, das Helium heisst. Und Helium ist leichter, als Luft. Und deshalb würde dein Ballon in der Luft nach oben fliegen, wenn es die Decke in deinem Zimmer nicht verhindern würde oder du es nicht für die Schnur halten würdest."

"Und wohin würde mein Ballon dann fliegen?", fragt Aljoschka und versucht Opas Erzählung irgendwie im Kopf zu behalten, was gar nicht so leicht ist.

"Das ist eine interessante Frage!", sagt Opa zufrieden.

"Jetzt aber bring einen Papierzettel und Mami findet sicher eine kleine Plastiktüte. Du wirst jetzt einen kurzen Brief schreiben", sagt Opa geheimnisvoll.

Aljoschka schreibt einen Brief an einen Unbekannten

Aljoschka trinkt nicht mal seine Schokolade aus und läuft in sein Zimmer und schon winkt er mit einem Filzstift in einer Hand und einem Blatt in der anderen.

"Oh, wenn du auch so schnell mit deinen Hausaufgaben seien würdest!", seufzt Mami, als sie sieht, wie ihr Sohn mit der Geschwindigkeit eines Düsenjets die von Opa gewünschte Gegenstände holt.

Und schon sitzt Aljoschka neben Opa, das Papier vor sich und den Filzstift bereit. Opa denkt kurz nach. Dann beginnt er zu diktieren:

> *Lieber Leser, wer immer du auch bist,*
> *ich heisse Alex und wohne in einer Stadt.*
> *Mein Opa und ich wollen herausfinden, wie weit unser Luftballon fliegt, und auch wie lange. Wenn du, lieber Leser, diesen Brief findest, bitte,*
> *schreibe uns auf untenstehende Adresse ein paar Zeilen, wo du unseren Ballon*
> *gefunden hast, und vielleicht auch wann.*
> *Ich sende viele viele herzliche Grüsse!*
> *Alex*
> *P.S. Warum ich das tue? Weil es sehr interessant ist!*

Unten schreibt Aljoschka seine Adresse, die er schon lange auswendig kennt. Mami hat viele Male geprüft, ob Aljoschka die Adresse kennt. Sie sagt, wenn er sich verirrt oder aus der Strassenbahn zu spät aussteigt, oder ungehorsam im Kaufhaus schlendert und Mami aus der Sicht verliert, dann muss er den nächsten Polizist finden und ihm die Adresse sagen.

Aljoschka hat alle Buchstaben sorgfältig geschrieben - oder eher gemalt.

„Wo ist unser Plastikumschlag?", fragt Opa, nach dem er Aljoschkas Kunstwerk mit Zufriedenheit inspiziert hat.

„Hier habe ich was gefunden, ist das gut genug?", fragt Mami mit ironischem Lächeln und legt eine Plastiktüte auf dem Tisch.

„Na, ein Wunder der Luftposttechnik ist es nicht gerade, aber für unser Vorhaben sollte es reichen", murmelt Opa.

„Jetzt, mein lieber Enkel, leg deine Postkarte in diesen Plastikumschlag und dann kleben wir den mit einem Klebeband zu. Gut? Sicher hast du so was in deinem Zimmer. Oder Mami hat es. Ach ja, und bringe den Ballon, den dir Mami auf dem Rummelplatz gekauft hat."

Aljoschka steckt seine schöne Postkarte in die Plastiktüte und verklebt mit dem Band, wie es Opa einordnet.

„Würdest du mir bitte kurz dein wunderbares Taschenmesser ausleihen, junger Mann?", fragt Opa.

Aljoschka zieht seinen Schatz aus der Hosentasche und Opa schneidet einen kleinen

Schlitz in der Tüte. Dann zieht er die Schnur des Ballons durch den Einschnitt und macht einen Knoten. Aljoschka kniet auf seinem Stuhl, um alles aus nächster Nähe beobachten zu können. Auch Mami hat ihren Topf verlassen und schaut neugierig, was ihre Männer tun.

„Wir werden Luftpost verschicken!", ruft Aljoschka laut, als er das Ziel des Vorhabens begriffen hat.

„Ganz genau", bestätigt Opa und betrachtet das vollendete Werk mit offensichtlicher Zufriedenheit. „Jetzt auf die Post!", sagt er und steht auf.

„Zur Post? Mit dem Ballon?", fragt Aljoschka verwundert.

„Du darfst mitkommen, junger Mann", schmunzelt Opa und geht zum offenem Fenster. Aljoschka läuft ihm nach.

„So, jetzt nimm deine Luftpost in die Hand", sagt Opa und Aljoschka übernimmt das Ende der Schnur, das unter der Plastiktüte hängt. Opa nimmt Aljoschka in seine grossen Arme und hebt ihn hoch. Mami schaut mit Besorgnis zu, sagt aber nichts. Sie vertraut ihrem Vater.

„Jetzt lassen wir den Ballon fliegen!", ruft Opa. Aljoschka zögert.

„Keine Angst, mein Junge", sagt Opa, ahnend, was in Aljoschkas Kopf vorgeht.

„Nachmittag gehen wir mit Mami zum Rummelplatz und kaufen drei solche Ballons", beruhigt er seinen Enkel.

Aljoschka streckt seine Hand aus dem Fenster und lässt die Schnur los. Der Ballon steigt sofort in den blauen Himmel, Aljoschkas Luftpost in der Tüte flattert auf der Schnur.

Der Ballon wird kleiner und kleiner, bis er aus den Augen der beiden verschwindet. Opa stellt Aljoschka wieder auf den Fussboden und beide gehen zum Tisch.

„Und jetzt erzähle ich dir, was mit dem Ballon passiert und warum. Zuerst will ich aber noch einen Kaffee. Meinst du, deine Mami hat genug Wasser?"

„Meinst du Wasser oder Kaffee?", fragt Mami mit Lächeln.

„Wasser! Wasser!", ruft Opa, als wenn er sich in der Mitte einer Wüsste befinden würde und drei Tage keinen Tropfen auf der Zunge gehabt hätte.

Was passiert mit dem Luftballon

Die Tasse Kaffee steht vor Opa auf dem Tisch und Aljoschka nimmt sich einen Pfannkuchen. Er kniet auf dem Stuhl und guckt ungeduldig zu Opa.

„Also, wo sind wir geblieben?", fragt Opa und schaut zur Decke, als wenn es dort mit grossen Buchstaben geschrieben wäre.

„Was passiert mit dem Luftballon!", sagt Aljoschka und wundert sich, dass sein Opa, der alles weiss, über so klare Dinge nachdenken muss.

"Ach ja, richtig. Also das, was mit dem Luftballon passiert, ist eine Sache. Aber wichtig zu wissen ist, WARUM es passiert! Damit ich es dir besser erklären kann, musst du jetzt einen Luftballon bringen."

Aljoschka denkt nach und weiss, er selbst kann nicht auf die Decke in seinem Zimmer greifen.

„Mami, könntest du einen Luftballon von dem Kronleuchter nehmen? Weisst du, Opa braucht den Ballon sehr dringend!"

„Ja, einen Moment nur, ich muss schnell Gemüse umrühren", antwortet Mami gelassen.

„Es gibt zwei Dinge, die du wissen musst, mein Junge", sagt Opa. „Wir gehen schnell zusammen ins Bad. Dort werden wir ein Experiment durchführen."

„Mami! Wir gehen ins Bad *ein Exteremet* durch... durch... na, machen!"

„Ich hoffe, dass ich nach eurem Experiment nicht eine halbe Stunde das Bad aufräumen muss, wie letztes Mal. Ich dachte, ein Tsunami hätte unser Bad getroffen!", erinnert Mami beide Wissenschaftler an die Folgen des Experiments, als Opa einmal die Entstehung der Meereswellen in der Badewanne demonstriert hat.

„Keine Angst, liebe Tochter", beruhigt Opa Mami. „Diesmal übernehme ich volle Verantwortung. Keine Flut heute!"

„Deine Verantwortung kann einen Eimer und Lappen benutzen, um alle Schäden nach einer Naturkatastrophe im Bad zu beseitigen", hören beide aus der Küche, als sie schon den Wasserhahn drehen, um die Badewanne zu füllen.

„Muss ich in die Badewanne?", fragt Aljoschka besorgt.

„Nein, nicht jetzt. In die Badewanne kommt dieses Plastikschiff", zeigt Opa auf einen Boot aus Kunststoff, dass Aljoschka letztes Jahr zum Geburtstag bekommen hat.

Wenn die Wanne halb voll ist, nimmt Opa das Schiff in eine Hand und in die andere die Tube mit der Zahnpasta.

„Was passiert, wenn ich die Tube ins Wasser werfe?", fragt Opa.

„Es entstehen Wellen oder Tsunami!", ruft Aljoschka, wissend, dass jedes Kind eine so leichte Frage beantworten kann.

„Na, hm, ja, das auch", muss Opa zugeben. „Aber ich will was anderes hören. Nicht, was passiert mit dem Wasser, sondern, was passiert mit der Tube!"

„Sie geht doch sofort zum Boden doch!"

„Richtig!", ist Opa mit der Antwort zufrieden. „Warum?"

„Weil, hm, weil die Tube schwer ist?"

„Sie ist schwerer als Wasser", erklärt Opa mit einem Lächeln. „Was aber passiert mit dem Schiff, wenn ich ihn ins Wasser werfe oder lege?"

„Das Schiff wird schwimmen. Dass müssen doch alle Schiffe tun! Was für ein Schiff wäre es, wenn es zum Boden geht, wie Zahnpasta!".

„Das ist richtig. Aber WARUM? Warum schwimmt das Schiff aus Kunststoff und geht nicht zum Boden?"

Aljoschka legt das Schiff ins Wasser und der Dampfer schwimmt, wie es sich für einen richtigen Dampfer gehört.

Aljoschka denkt nach. Nach einer Weile sagt er ein wenig unsicher:

„Weil das Schiff leichter ist, als die Tube?"

„Ja. Aber vor allem ist das Kunststoff, aus dem das Schiff gemacht ist, leichter, als Wasser!", erklärt Opa geduldig. „Alles, was leichter ist, als Wasser, schwimmt auf der Oberfläche. Alles, was schwerer ist, geht runter."

„Aber ein richtiges Schiff ist doch aus Metall. Und Metall ist doch schwerer, als Wasser. Wieso schwimmt denn das Schiff auf der Oberfläche?", fragt Aljoschka.

„Das ist sehr gute Überlegung!", lobt Opa Aljoschkas Logik. Das hat noch mit einem Phänomen zu tun, das ein genialer Mathematiker vor vielen Jahren entdeckt hat."

„Sicher war es ein Grieche!", denkt Aljoschka laut.

„Richtig! Er hiess Archimedes und hat entdeckt: Wasser und andere Flüssigkeiten heben mit gewisser Kraft alle Dinge auf, die in diese Flüssigkeiten getaucht werden. Diese Kraft nennt man Auftrieb. Auftrieb entsteht dadurch, dass die Dinge, die ins Wasser getaucht werden, eine gewisse Menge vom Wasser verdrängen. Ist ja klar: Wo ein Ding ist, gibt es keinen Platz für Wasser. Ob ein Körper schwimmt oder sinkt, hängt also nicht nur davon ab, ob er leichter oder schwerer ist, als ein gleich grosser Körper aus Wasser. Wichtig ist auch seine äussere Form. Wenn ein Körper so geformt ist, dass er mehr Flüssigkeit verdrängt, als er selber wiegt, dann kann er schwimmen."

„Jetzt nimm das Glas, das du brauchst, um Zähne zu putzen", lautet Opas Anweisung.

Aljoschka holt einen grossen Glasbecher vom Regal.

„Was meinst du, ist der Becher leichter oder schwerer als Wasser?", fragt Opa.

Aljoschka versucht es abzuschätzen.

„Na, schwer ist er", kommt Aljoschka nach einer Weile zu Überzeugung.

„Gut. Tauche jetzt vorsichtig das Glas ins Wasser."

Aljoschka tut es. Das Glas taucht zwar teilweise ins Wasser, ein Teil aber ragt aus dem Wasser empor.

„Siehst du? Es ist wie mit dem riesigen Schiff aus Stahl. Wird von Auftrieb des Wassers aufgehoben."

Opa füllt den Becher mit dem Wasser aus der Badewanne. Dann legt er ihn ins Wasser und er senkt sofort zum Boden.

„Siehst du? Genau so geht es einem Dampfer oder riesigem Schiff, wenn sein Rumpf unter dem Wasser mit einem Eisberg oder mit einem anderem Schiff kollidiert. Durch das Loch, das durch die Kollision entsteht, dringt Wasser rein, wie da in den Becher. Das Schiff geht runter."

„Wie Titanic!", erinnert sich Aljoschka an den gleichnamigen Film.

„Ja, das ist ein gutes Beispiel."

„Jetzt tauche ihn ins Wasser umgekehrt, also mit dem Becherboden nach oben."

Aljoschka taucht den Becher so, wie Opa gesagt hat. Er spürt Druck von unten, der Becher will nicht runter, er will oben bleiben. Das spürt Aljoschkas Hand deutlich.

„Bis zum Boden, bis zum Boden!", ruft Opa. Aljoschka drückt den Becher zum Boden der Badewanne mit voller Kraft.

„Warum muss man so stark drücken, mein Junge?", fragt Opa.

„Ich weiss es nicht!", wundert sich Aljoschka.

„Was ist im Becher drin?"

„Na, Wasser, ist doch klar!", sagt Aljoschka und hält den Becher ganz fest, obwohl es nicht leicht ist – so gebeugt zu stehen.

„Bist du ganz sicher?", fragt Opa geheimnisvoll.

Aljoschka schweigt lieber, er weiss nicht, was zu sagen.

„Lass jetzt den Becher los", rät Opa.

Aljoschka lässt den Becher los. Eine riesige Luftblase kommt sofort aus dem Becher raus und steigt mit grosser Geschwindigkeit und einem „glugg" zur Oberfläche. Aljoschkas Hand spürt, dass sich der Becher beruhigt und auf dem Boden der Badewanne liegen bleibt.

„Du hast Luft im Becher eingeschlossen, als du den umgekehrten Becher ins Wasser getaucht hast. Wie du siehst, ist die Luft viel-viel leichter, als Wasser", sagt Opa. „Nimm jetzt das Schiff und tauche es."

Aljoschka drückt das Schiff aus Kunststoff zum Boden der Badewanne. Dieses Mal braucht er nicht so viel Kraft.

„Und los lassen!", hört Aljoschka und lässt das Schiff los. Das Spielzeug taucht auf und schaukelt leicht auf der Oberfläche.

„Das Schiff ist auch leichter, als Wasser", meldet Aljoschka mit Stolz, dass er so was selbst herausgefunden hat.

„Genau", bestätigt Opa.

„Und Fische? Sind Fische leichter als Wasser oder schwerer als Wasser?" fragt Aljoschka plötzlich.

Opa ist glücklich. Er sieht, Aljoschka denkt über sein Experiment nach. Und benutzt seinen Kopf dazu. Opa ist stolz auf seinen Enkel.

„Das ist aber eine sehr interessante Frage. Weisst du, manche Fische haben im Bauch einen kleinen Luftballon. Man nennt es Schwimmblase. Dass brauchen Fische, weil sie wirklich schwerer sind, als Wasser. Aber wie das funktioniert, werde ich dir wieder ein anderes Mal erklären. Jetzt lassen wir das Wasser raus und gehen wieder in die Küche."

Aljoschka zieht das Kettchen von Zapfen. Er stellt den Becher zurück aufs Regal, das Schiff an den Rand der Badewanne.

Beide Herren, Opa und sein Enkel, gehen zurück in die Küche.

„Mami, Mamiiiii!", ruft Aljoschka.

„Weisst du, dass Fische einen Luftballon im Bauch haben?", macht er Mami mit der Neuigkeit bekannt. „Vielleicht müssen wir Fische kaufen und dann haben wir auch dann Luftballons, wenn der Karussell-Mann nicht mehr da ist!"

Opa ist von der Logik seines Enkels beeindruckt und schmunzelt wieder.

„Alles in Ordnung und keine Überschwemmungen entstanden!", salutiert Opa vor Mami als erster Offizier dem Kapitän.

„Na gut, ich werde es persönlich inspizieren, wenn die Suppe fertig ist", setzt der Kapitän seine Mannschaft in Kenntnis. Auf dem Tisch liegt bereits ein Luftballon, wie ihn Opa vor dem grossen Wasserexperiment angefordert hat.

„Mit diesem Luftballon zeige ich dir, was mit der Luftpost passiert und warum. Aber vielleicht erst nach dem Essen. Ich habe nämlich Hunger, wie ein Braunbär nach dem Winterschlaf!"

„Was ist Winterschlaf? Schläft der Bär nur im Winter? Ich muss jeden Abend schlafen, auch, wenn ich nicht will. Schlafen Bären nicht jeden Tag? Und schlafen sie nicht im Herbst, oder im Sommer?", fragt Aljoschka wissensdurstig.

„Dass erzähle ich dir ein anderes Mal, wenn du in den Schulferien zu mir ins Dorf kommst. Mami könnte auch Erholung brauchen. Also, wo ist meine Suppe?", ruft scherzhaft der Braunbär Opa.

„Ja! Wo? Wo!", rufen beide und Mami trägt schon den Topf auf den Tisch. Die Suppe duftet angenehm. Mami serviert Teller und Löffel vor beiden Bären. Dann stellt sie ein Körbchen mit Brotscheiben ins Zentrum des Tisches.

„Jetzt weiss ich nicht, ob man Bären nach dem Winterschlaf Guten Appetit wünscht!", fragt Mami eher sich selbst und schenkt Suppe den beiden ein. Beide wissen, dass Mami Suppen nicht besonders mag.

„Guten Appetit!", ruft der grosse Bär.

„Guten Appetit!!!", ruft der kleine.

Und dann tritt Stille in der Küche ein, weil Mamis Suppe die beste Suppe der Welt ist - und beim Essen redet man sowieso nicht!

Berge, Flüsse und Seen

Beide Braunbären sind mit der Suppe fertig.

„Gute Suppe hast du bereitet, meine liebste Tochter. So, wie sie deine Mutter gekocht hat", lobt Opa Mamis Kochkunst und sein Blick verharrt für eine Weile irgendwo in Erinnerungen.

„Gute Suppe hast du gekocht, Mami!", sagt Aljoschka nach und macht mit seiner Zunge einen Kreis über die Lippen.

„Das freut mich immer zu hören. Ihr könntet noch eine Zugabe haben, aber später vielleicht", macht Mami die Herren am Tisch mit dieser Aussicht bekannt.

Opa nimmt seine schwarze Pfeife raus. Aljoschka weiss, dass gerade sie die Lieblingspfeife von Opa ist. Er zündet sie an nur nach gutem Essen an oder wenn ihm Mami ein Gläschen Cognac einschenkt. Aljoschka hat ein Mal mit Bewilligung von Opa die Spitze seiner Zunge kurz in diese goldbraune Flüssigkeit getaucht. Es war brennend und gar nicht gut.

„Opa! Wie kannst du so was Schreckliches trinken! Und noch dabei schmatzen, als wenn es Honig wäre!", rief Aljoschka damals erschrocken.

„Naja, weisst du, alte Menschen haben komischen Geschmack. Gut, dass es dir nicht schmeckt. Sonst würde für Opa nicht viel bleiben!", lachte Opa und schrieb mit dem Glas kleine Kreisen in der Luft. Dann steckte seine Nase beinahe ins Glas rein, atmete den Duft tief ein und nahm kleinen Schluck des schrecklichen Trunks.

Opa füllt die Pfeife mit Tabak und zündet sie mit einem langen Streichholz an.
Aljoschka kann nicht ruhig sitzen, er ist voll von Erwartung.
„Opa! Na, erzähl schon, was mit meinem blauen Luftballon mit der Post passiert! Bitte!", erinnert er Opa mit ungeduldiger Stimme.
„Gut, mein Herr", sagt endlich Opa, nachdem er paar bläuliche Wolken zur Decke geschickt hat. „Du siehst, was der Rauch aus meiner Pfeife tut, hm?"
„Ja, der steigt nach oben, weil er leichter als Luft ist."
„Genau", sagt Opa zufrieden. „Und was ist mit dem Schiff in der Badewanne passiert?"
„Ist auch nach oben gestiegen!", sagt Aljoschka sofort. „Weil leichter als Wasser."
„Gut!", lobt Opa seinen Enkel. „Aber warum ist das Schiff nicht weiter zur Decke gestiegen, sondern auf der Wasseroberfläche geblieben?"
Aljoschka zögert. Er weiss es nicht, kaut an seinen Fingernagel.
„Tststs!", hört er seine Mami und zieht den Finger sofort aus dem Mund.
„Na?", fragt Opa und zieht wieder an der Pfeife.
„Weil… na, weil …"
„Weil das Schiff leichter als Wasser ist, aber schwerer, als die Luft, die über dem Wasser ist!", erklärt Opa mit seiner tiefen Stimme sanft und geduldig.
„Und mein blauer Luftballon steigt nach oben, weil leichter ist, als die Luft, ja?", fragt nachdenklich der junge Mann.
„Fast richtig. Hauptsächlich ist das Helium, mit dem der Mann am Rummelplatz den Ballon gefüllt hat, leichter, als Luft. Ich habe es schon gesagt: Helium ist ein Gas. Luft ist auch ein Gas."
„Also, mein Ballon steigt nach oben - wie das Schiff - und dann bleibt er oben für immer! Meinen Brief wird nie jemand lesen!", sagt Aljoschka traurig. „Alles vergeblich!"
„Das ist nicht ganz so", sagt Opa beruhigend.
Er legt seine Pfeife in den Aschenbecher, und nimmt eine Plastiktüte, in der er Mami Gemüse gebracht hat. Dann umklammert er den Rand der Tüte mit seiner Hand und lässt nur eine kleine Öffnung. Aljoschka beobachtet seinen Opa mit Bewunderung. Seine Augen funken und Mami schaut die beiden mit Liebe und leichtem Lächeln auf den Lippen an. Opa bläst die Tüte durch die Öffnung auf und sie ist voll und sieht fast so aus, wie Aljoschkas Luftballon. Nur ist sie nicht so rund.
„ Wir werden jetzt etwas über Luft DRUCK lernen", sagt Opa mit Betonung auf dem Wort „Druck" und fragt Aljoschka:
„Warum war vorher die Tüte nicht so rund, wie jetzt?"
„Weil sie jetzt voll ist von…eh, von deinem Rauch!", antwortet Aljoschka.
„Na gut, ein wenig Rauch ist sicher auch drin. Aber die Tüte war flach, weil die Luft, die drum herum ist, von aussen auf die Tüte drückt. Der Luftdruck war vorher um der Tüte

herum grösser, als in der Tüte, weil drin fast keine Luft war. Jetzt ist der Luftdruck ausserhalb der Tüte gleich, wie in der Tüte. Schau jetzt genau zu, mein Junge."

Opa saugt die Luft aus der Tüte mit seinem Mund raus und die Tüte ist wieder flach wie vorher. Eben, eine gewöhnliche Tüte.

„Was ist passiert, Opa?", fragt Aljoschka. Er weiss, dass es normal ist, wenn man die Tüte aussaugt, ist sie flach, und wenn man sie aufblast, wird sie rund. Aber er weiss nicht, warum es so ist.

„Ich habe, wie du sehen konntest, die Luft aus der Tüte herausgesaugt. Und wo es keine Luft gibt, dort gibt es auch keinen Luftdruck!"

Opa bläst die Tüte wieder auf. Dann verschliesst er die Öffnung mit Daumen und Zeigefinger.

„Was würde passieren, wenn ich weiter und weiter in die Tüte blase und sie weiter mit Luft fülle?", fragt Opa.

„Sie würde platzen! Bum!", ruft Aljoschka und zeigt es mit seinen Händen deutlich. „Wie ein Luftballon, den Mami einmal zu stark aufgeblasen hat! Bummmm! Das war vielleicht ein Knall! Dass solltest du hören, Opa. Unser Barik hat sich eine Stunde unter meinem Bett versteckt und Mami musste ihn mit dem Besen rausholen!"

Barik ist ein kleines Hündchen, das Aljoschka zum 5. Geburtstag von Opa bekommen hat. Mami war gar nicht glücklich, damals. Aber Barik liegt nun jeden Abend auf Mamis Schoss, sie streichelt sein samtweiches Fell und sieht fern dabei. Barik ist dabei zufrieden und leckt ab und zu dankbar ihre Hand.

„Richtig!", sagt Opa. „Die Tüte würde platzen, weil der Druck drin grösser wäre, als der Luftdruck um sie herum. Nun erkläre ich dir, wieso der Luftdruck überhaupt entsteht und was er eigentlich ist. Auch, wenn wir die Luft nicht sehen, nicht schmecken und nicht in die Hand nehmen können, ist sie da. Überall um uns herum. Du weisst schon, es ist ein Gas. Leicht, aber nicht ohne Gewicht. Und wie es mit allen anderen Dingen ist. Je mehr es davon gibt, desto schwerer ist es. Und wenn etwas schwer ist, spüren wir den Druck seines Gewichtes. Die Luft ist sehr leicht. Leichter als Wasser oder ein Schiff oder eine Lokomotive."

Aljoschka lacht.

„Schau. Nimm dieses Wasserglas in die Hand. Ist das Glas schwer?"

„Nööööö", sagt Aljoschka sofort.

„Gut. Wir giessen also Wasser rein."

Opa giesst Mineralwasser aus der Flasche ins Glas. Das Glas ist halb voll.

„Wie schwer ist das Glas jetzt?", fragt Opa.

„Nicht schwer, aber doch nicht so leicht, wie wenn es leer war", sagt Aljoschka. Opa füllt das Glas voll.

„Und jetzt?"

„Noch ein wenig schwerer", berichtet Aljoschka.

„Gut. Stell dir jetzt vor, das Glas wäre so hoch, wie dieses Zimmer, und ich würde Mineralwasser eingiessen, bis das Glas wieder voll wäre."

„Oj, dann müssten wir viele Kisten von Mineralwasser holen! Und so ein Glas gibt es nicht!", ruft Aljoschka, aber die Vorstellung gefällt ihm.

„Wenn du dir es vorstellen kannst, weisst du sicher, dass so ein Glas sehr schwer wäre, stimmt's?"

„Stimmt", bestätigt Aljoschka.

„Und genau so ist es mit der Luft. Hier unten, wo wir sitzen, ist der Druck der Luft gross, weil Luft hoch reicht. Bis zu den Wolken und noch höher, wo sich die Gipfel der höchsten Berge der Welt erheben. Auch dort, wo Flugzeuge fliegen, die du nicht siehst, nur die weisse Linien auf blauem Himmel, auch dort ist noch Luft. Aber je höher, desto weniger Luft gibt es dort und in sehr grosser Höhe dann fast keine Luft mehr, darum wird auch der Luftdruck immer kleiner und kleiner. Als wir deinen Luftballon auf die Reise geschickt haben, war er mit einem Gas gefüllt, das leichter ist, als Luft."

„Mit Helium!", sagt Aljoschka sofort, stolz, dass er es weiss.

„Ja, Helium. Und im Ballon war der Druck, der den Ballon rund gemacht hat, und er war so hoch, wie der Druck um den Ballon herum. Nun, der Ballon steigt nach oben, weil Helium leichter ist, als Luft, er steigt und steigt. Je höher der Ballon fliegt, desto dünner ist die Luft dort. Und desto kleiner ist der Druck der Luft. Und der Druck im Ballon so hoch, wie unten auf dem Boden. Und so wird der Ballon grösser und grösser und grösser, wie die Tüte, die da immer mehr aufgeblasen wird. Und wenn der Ballon sehr hoch ist, macht er „BUM!" wie der Ballon, der Barik so erschrocken hat. Also, der Ballon zerplatzt hoch über den Wolken und das Helium entweicht und so bleibt nur der Gummi, aus dem der Ballon gemacht ist. Und dein Brief auf der Schnur und der Rest des Ballons fallen zum Boden, weil sie schwerer sind, als die Luft, und kein Helium sie mehr in die Höhe trägt. Weil es dort oben windig ist, wird dein Ballon, bevor er zerplatzt, vom Wind weit-weit getragen. Und wenn er dann platzt und zum Boden fällt, findet vielleicht jemand deinen Brief. Kann sein, er wird über das Meer vom Wind getragen oder fällt in einen Fluss oder See und niemand findet ihn. Oder doch, aber erst, wenn du so alt und weiss bist, wie ich. Wir wissen es nicht."

Aljoschka schliesst seine Augen. Er will mit seinem Luftballon weit-weit fliegen, die Gipfel der Berge von oben sehen, Flüsse, Seen und ein Meer. Und winzige Schiffe unten. Aber welcher Junge will das nicht! Und wahrscheinlich wollen es auch Opas.

Der Wasserdieb

Oh, was soll dies wieder werden, Kinder! Ein Wasserdieb! Hat jemand Aljoschkas Limonade geklaut? Oder das Wasser aus der Badewanne? Wie kommt denn so was ins Buch! Na, wir müssen weiter zuhören, was in der Küche passiert. In Mamis Königreich, wie Opa diesen Ort gerne nennt.

Wir wissen, dass Aljoschkas blauer Luftballon zum Himmel steigt, weil der Ballon mit dem Gas gefüllt ist, das Opa Helium nennt. Und der Ballon steigt immer noch und der Wind trägt ihn weit, und unter dem Ballon flattert Aljoschkas Brief wie eine kleine Fahne. Wir wissen jetzt auch, dass das so ist, weil Helium leichter ist, als Luft. Aber was ist überhaupt die Luft? Warum sehen wir sie nicht? Und wie kann sie dabei Druck machen? Das alles will auch Aljoschka wissen.

Aljoschka sitzt auf dem Stuhl am Tisch, zuerst nachdenklich. Und Opa hält seine Tasse mit Kaffee in den Händen. Aljoschka sieht kleine Rillen überall auf diesen Händen, die ihn so kräftig packen lassen, aber auch geschickt Holz bearbeiten können. Aljoschka hat es beim Opa in seinem Holzhaus gesehen. Opa hat aus einem Stück Holz eine Statue geschnitten, es hat lange gedauert. Opa sass auf dem kleinen Hocker und überall waren Holzspäne und Opas Hände haben das Instrument geführt - er nannte es Meissel - und gerade den Kopf einer Statue gebildet. Aber darüber werden wir, liebe Kinder, ein anders Mal erzählen.

„Opa!", ruft Aljoschka plötzlich. „Was ist Luft? Wo ist sie, wieso ist sie schwer? Warum kann ich die Luft nicht sehen? Wo ist sie?"

„Aha!", lächelt Opa. „So viele Fragen auf einmal? Na, eigentlich ist es nur eine Frage. Was ist die Luft. Weisst du, mein Junge, diese Frage hat früher niemand gestellt. Menschen wussten, sie müssen atmen, ohne Luft würden sie sterben, das war aber alles. Viele dachten, es gibt irgendeine Substanz, die die Götter den Menschen zum Atmen geben haben. Ja, ja. Was es an sich ist, hat sie nicht sehr beschäftigt.

Bis vor ungefähr 2500 Jahren, das ist sehr-sehr lange her. Da warst du noch nicht geboren, und auch Mami noch nicht, und ich auch noch nicht, wie auch alle Menschen, die du kennst. Also damals hat sich ein Mann genau diese Frage gestellt, weil er so schrecklich neugierig war, wie du."

„Wer war der Mann?", fragt Aljoschka neugierig.

„Er lebte in Griechenland. Das ist ein Land am Meer. Er hiess Empedokles."

„Oho, so ein komischer Name!", wundert sich Aljoschka. „So heisst doch niemand!"

„Na, damals hiessen so Menschen in diesem Land", erklärt Opa und erzählt weiter.

„Also, dieser Empedokles war der erste, der das erste Mal ein Experiment durchgeführt hat, das belegt ist.

„Was heisst belegt?", fragt Aljoschka, denkend an belegtes Brötchen, aber sonst ist ihm die Bedeutung des Wortes nicht klar.

„Belegt heisst, es wurde in Büchern geschrieben. Und wenn es jemand liest, kann er jeder Zeit das Experiment mit gleichem Resultat wiederholen. Das heisst belegt. Oder auch bewiesen."

„Aha! **Expreminte** haben wir zusammen im Bad auch gemacht!", ruft Aljoschka.

„Ex-pe-ri-men-te", korrigiert Opa geduldig.

„Ja. Und welches **Ex-tremitent** hat dieser **De-mo-ko-les**... na, der Mann gemacht?", fragt Aljoschka.

„Em-pe-do-kles."

„Ja, der."

„Er hat ein Gerät genommen, das damals in jeder Küche benutzt wurde. Es hiess KLEPSYDRA. In unsere Sprache übersetzt heisst es Wasserdieb."

„Ohhh! Welche Namen!", wundert sich Aljoschka. „Klepsydra! Ha! Wasserdieb!"

„Richtig hast du das gesagt!", lobt Opa Aljoschka. „Ja. Klepsydra."

Aljoschka ist wieder stolz. „Mami!" ruft er laut. „Hast du Klepsydra? Ich will Klepsydra!"

Mami ist verwundert.

„Na, soviel ich weiss, habe ich so was nie gehabt. Was ist das genau?", fragt Mami und richtet ihre Frage an Opa.

„Ja, was ist das?", fragt auch Aljoschka.

„Weisst du, damals haben die Menschen keinen Wasserhahn in der Küche, wie Mami ihn da hat. Sie kann jeder Zeit den Hahn drehen und Wasser fliesst sofort in den Topf. Das haben früher die Menschen nicht gehabt. Damals haben sie Wasser von einem Brunnen geholt und in einem Fass oder Gefäss aus Ton im Keller aufbewahrt. So blieb das Wasser schön kühl und frisch, weil es in Griechenland sehr heiss war und auch heute ist."

„Warum haben sie das Wasser nicht einfach im Kühlschrank gehabt?", wundert sich Aljoschka.

„Na ja, weil sie damals weder Kühlschränke gekannt haben, noch Elektrizität. Oder Wasserhähne in der Küche. Wie ich sagte, es ist sehr-sehr lange her. Also, damals hat man mit einer Klepsydra in den Keller gegangen und dort Wasser aus dem Gefäss genommen und in die Küche getragen."

Opa denkt eine Weile nach und sieht sich in der Küche um.

„Siehst du die kleine metallische Kanne auf dem Fensterbrett?", fragt Opa und zeigt mit dem Finger in die Richtung.

„Ja, Mami giesst damit die Blumen", erklärt Aljoschka sofort.

„Gut. Bringe mir die Kanne, bitte", wünscht sich Opa.

Aljoschka bringt die Kanne und stellt sie vor Opa auf den Tisch. Der entfernt den Aufsatz von der Kanne - eine Vorrichtung mit Löchern – ein grosses Loch auf einer Seite und viele kleine auf der anderen.

Opa steht auf, nimmt einen leeren Topf und füllt ihn mit Wasser.

„Komm her, Alex", ruft Opa Aljoschka. Er nennt Aljoschka immer so. Aljoschka rennt schon zum Herd. Mami schaut zu.

Opa nimmt die Vorrichtung aus der Giesskanne und taucht sie ins Wasser im Topf so, dass Wasser durch die kleinen Löcher reinkommt. Das dauert eine Weile. Dann verschliesst Opa die grosse Öffnung auf der gegenüberliegenden Seite des Aufsatzes mit seinem Daumen und hebt den Aufsatz über dem Topf auf.

„Siehst du? Das Wasser ist jetzt in der Klepsydra."

Wasser bleibt drin. Opa entfernt den Daumen von der Öffnung. Das Wasser fliesst sofort mit dünnen Strahlen zurück in den Topf, bis dort kein Wasser mehr bleibt.

„Jetzt tauchen wir es noch einmal, aber zuerst verschliesse ich die Öffnung wieder mit meinem Daumen. Erst dann tauche ich den Vorsatz ins Wasser", sagt Opa und tut es.

„Siehst du? Kein Wasser kann durch die kleinen Löcher rein. Warum?"

Und tatsächlich bleibt der Aufsatz leer. Wenn Opa den Aufsatz über dem Topf hält und seinen Daumen aus der Öffnung entfernt, kein Wasser fliesst raus, weil eben kein drin ist. Aljoschka weiss nicht, warum. Auch Mami ist ratlos. Opa wiederholt es mit freigestellter Öffnung. Wasser fliesst rein. Opa verschliesst die Öffnung. Wasser bleibt drin. Wenn Opa seinen Daumen entfernt, fliesst Wasser wieder runter durch die Löcher.

„Wie funktioniert das?", fragt Aljoschka und schaut Opa mit so grossen Augen an, als wenn er ein grosser Zauberkünstler wäre.

„Und warum fliesst das Wasser nicht raus, wenn es in der Klepsydra ist, aber du die Öffnung oben verschiesst?", fragt Aljoschka und runzelt die Stirn.

„Wenn ich die Öffnung frei halte und den Boden der Klepsydra ins Wasser tauche, hat die Luft die Möglichkeit durch die Öffnung zu entweichen, wenn das Wasser durch die kleine Löchern in die Klepsydra reinkommt. Wenn ich aber zuerst die Öffnung mit dem Daumen verschliesse, kann die Luft nicht durch die grosse Öffnung raus, sie füllt die Klepsydra und lässt kein Wasser rein. Damit hat Empedokles bewiesen, dass die Luft materiell ist und den Raum um uns füllt."

Aljoschka nimmt den Giesskannen-Vorsatz und spielt damit eine Weile.

Opa setzt sich wieder an den Tisch und meldet: „Am Nachmittag gehen wir einen neuen Luftballon auf dem Rummelplatz kaufen."

„Und darf ich auf das Kettenkarussell?", fragt Aljoschka sofort.

„Das entscheidet deine Mami. Ich bin nur ein Opa!", lächelt er und trinkt seinen Kaffee aus.

Empedokles nahm Wasser aus dem Behälter und verschloss mit Daumen die obere Öffnung. So hat die Luftpartikeln das Wasser aus den kleinen Löchern in Klepsydra nicht raus gelassen. Empedokles konnte so beweisen, dass Luft aus kleinsten Partikeln besteht

Empedokles befreite die obere Öffnung, so dass die Luft einströmen konnte und Wasser durch die kleinen Löcher ausfliessen konnte.

Warum der Bär im Winter schläft

Nach dem Essen ist es in der Küche ruhig geworden. Mami hat ihren weltberühmten Hackfleischbraten mit viel Majoran und Knoblauch gebacken, den Opa und auch Aljoschka so mögen, dazu Kartoffelpüree. Alle haben es genossen.
„Du bist die absolut beste Köchin auf diesem Kontinent, meine liebste Tochter!", erfreut sich Opa am wunderbaren Mittagessen.

„Und wie viele Töchter hast du denn noch, dass ich die Liebste von allen bin?", fragt Mami scherzhaft und bringt eine Schale mit roten Äpfeln. Opa schmunzelt nur.
„Was ist **Kontiment**?", fragt Aljoschka.
„Kon-ti-nent", korrigiert Mami.
„Ja. Kontinent. Was ist denn das?", verlangt Aljoschka eine Antwort.
„Schau", sagt Opa und nimmt einen Apfel in die Hand.
„Die Erde ist eine Kugel. Sie sieht ähnlich aus, wie dieser Apfel, nur ist sie viel-viel grösser."
„Soooooo gross!", zeigt Aljoschka mit ausgestreckten Armen.
„Ja, und noch viel grösser. Nun, sie hat einen Kern, wie dieser Apfel, auch viel Gestein, wie bei diesem Apfel unter der Schale, und auch so eine Kruste oben. Auf der Kruste liegen Meere und Kontinente. Dieser Apfel ist ein wenig gefaltet, siehst du? Stell dir vor, es sind Berge."
Opa nimmt ein Messer und schneidet sehr dünne Stückchen aus der Schale ab. „Das sind die Meere. Und da", zeigt Opa auf die Schale, die er nicht weggeschnitten hat, „das sind die Kontinente. Es gibt fünf Kontinente auf der Erde: Europa, Amerika, Asien, Afrika, Australien und Antarktis."
„Interessant, dass fast alle Namen der Kontinenten mit dem Buchstaben A beginnen!", bemerkt Mami.
„In Australien leben Kängurus! Ich habe sie im Fernseher gesehen! Sie hüpfen so!", und Aljoschka springt durch die ganze Küche, wie ein echter Känguru.
„Richtig", lobt Opa Aljoschkas Kenntnisse.
„Also, deine Mami ist die beste Köchin auf diesem Kontinent", und Opa zeigt mit dem Finger auf eine Stelle, wo die Schale des Apfels nicht entfernt ist.
Aljoschka sitzt schon wieder auf dem Stuhl neben Opa und hält Augen und Ohren auf.
„Und auch auf diesem und diesem und diesem!", ergänzt er und zeigt auf alle gebliebenen Kontinente auf dem Apfel, der die Erde darstellt.
„Na, ganz sicher!", stimmt Opa zu und legt die Erde auf die Schale zurück. „Jetzt, nach diesem wunderbaren Essen, will ich ein wenig ruhen und die Zeitung da lesen."
Opa setzt sich gemütlich in einen Sessel in der Ecke nahe dem Fenster, nimmt die Zeitung und zieht seine Lesebrille aus dem Jackett. Aljoschka holt sich ein Album und Farbstifte und malt eine grosse Erdkugel mit blauen Meeren und braunen Kontinenten. Auch grüne Wiesen und blaue Flüsse sind da. Opa ist beim Lesen offensichtlich eingeschlafen. Zeitung auf seinem Schoss, Lesebrille auf der Nase.
„Schläft jetzt Opa wie ein Braunbär im Winter, Mami?", fragt Aljoschka leise, nicht wissend, wie leicht ein Bär geweckt werden könnte.
„Nein", lächelt Mami. „Opa schläft wie ein Opa nach einem guten Mittagessen. So schlafen fast alle Opas. Opa wird bald wieder wach. Braunbären und auch Igel, Dachse,

Fledermäuse und noch einige Tiere schlafen den ganzen Winter, Tag und Nacht."

„Tag und Nacht? Und sie bekommen kein Mittagessen und keine Limonade, wenn sie Tag und Nacht schlafen? Sie müssen doch vor Hunger sterben!", denkt Aljoschka laut und malt gerade einen langen Fluss auf einen Kontinent.

„Weisst du, sie würden im Winter unter dem Schnee sowieso kein Mittagsessen finden. Deshalb lässt die Natur sie ganzen Winter schlafen. Sie fressen viel-viel im Herbst. Dann finden sie ein gemütliches Loch unter einem Baum oder sonst einen trockenen Platz. Dort schlafen sie ein und werden erst im Frühling wach. Manche Tiere würden sterben, wenn du sie aus dem Winterschlaf weckst", erklärt Mami und wäscht den letzten Teller von Mittagessen ab.

„Und der Eisbär schläft im Winter auch?"

„Nein, er frisst Fische und es ist fast immer Winter dort, wo er lebt. Er kann doch nicht immer schlafen. Auch keine Bäume wachsen dort, wo der Eisbär lebt."

Aljoschka ist mit seinem Werk fertig und voller Stolz zeigt er Mami seine Kontinente mit Bergen und Flüssen, die von vielen Meeren umgeben sind.

„Ja, so irgendwie sieht unsere Erde aus", sagt Mami und schaut die von Aljoschka gezeichnete bunte Erde mit Begeisterung an. Das machen alle Mütter auf allen Kontinenten, wenn ihre Kinder was mit eigenen Händen meistern.

„Na, die Erde könnte ein wenig runder sein, so sieht es eher wie eine farbige Kartoffel aus, aber sonst sehr schön! Darf ich deine Erde auf dem Kühlschrank anbringen?"

„Ja! Aber du musst meine Erde Opa nach seinem Winterschlaf zeigen!", macht Aljoschka Mami auf diese Pflicht aufmerksam.

„Natürlich, mein kleiner Künstler!", lächelt Mami und befestigt Aljoschkas Zeichnung auf dem grossen weissen Kühlschrank mit kleinen Magneten.

„Klein? Kleeeeeein? Ich bin doch schon acht!", wehrt sich der Künstler.

„Na gut, grosser Künstler. Gehe deine grossen Hände waschen. Wenn Opa aufwacht, gehen wir auf den Rummelplatz!"

„Waschen sich Braunbären im Herbst nach dem Mittagessen ihre braunen Hände, Mami?", fragt Aljoschka unermüdlich.

„Ich weiss nicht, ob Braunbären. Aber Waschbären sicher!"

„Ha, Braunbären. Eisbären und jetzt noch Waschbären!", murmelt Aljoschka unterwegs ins Bad und schüttelt mit dem Kopf. Beim Händewaschen betrachtet er seine kleinen Hände und denkt nach: „Fangen Eisbären Fische mit der Angelrute, wie Opa es tut, oder mit blossen Händen? "

Wo ist Australien?

Nachdem unser Waschbär seine Hände gewaschen hat und zurück in der Küche ist, fragt Mami leise:

„Hast du keine Hausaufgaben für morgen?"

„Doch. Ich habe paar Aufgaben aus Mathe, aber dachte, ich mache sie, wenn Opa nach Hause geht", macht Aljoschka Mami mit seinen Plänen bekannt.

„Ich denke, du machst die Aufgabe jetzt. Opa schläft und bis er aufwacht, hast du das sicher fertig."

Dagegen kann der junge Mann nicht viel sagen. Auch, wenn ihr, liebe Kinder, Aljoschkas Gesicht sehen könntet, würdet ihr keine Spur von der Begeisterung finden. Aber unser Aljoschka geht in sein Zimmer und holt sein Heft und ein Lehrbuch. Er seufzt so, als wenn er gerade einen erwachsenen Braunbär aus dem Zimmer in die Küche schleppt. Aber schon bald sitzt er auf seinem Stuhl und zerbricht seinen Kopf an der Lösungen der Aufgaben. In der Küche ist ruhig und still, nur die kleine Uhr an der Wand tickt.

Mami ist im Schlafzimmer verschwunden. Sicher will sie ein schönes Kleid für den

Ausgang zum Rummelplatz anziehen,.Und im Bad dann ihr Haar richten, was Aljoschka nie verstanden hat, wenn doch Mamis Haar das schönste Haar der Welt ist, gold-rot, immer perfekt. Und sie wird sich auch schminken, Aljoschka mag es, Mami dabei zu beobachten, er bewundert Mami, dass sie sich mit einem Stift die Augen malt und die Augen bleiben unverletzt! Und auf die Lippen trägt sie rosa Farbe mit einem Lippenstift auf und danach macht sie so eine komische Grimasse und streckt die Lippen dann vor. Wenn sie dann Aljoschka auf die Stirn küsst, lacht sie und er weiss, er hat auf der Stirn einen rosaroten Abdruck ihren Lippen. Mami wischt seine Stirn mit einem kleinen Taschentuch ab, das genau so wunderbar duftet, wie Mami selbst. Aljoschka versucht seine Aufgaben zu bewältigen, aber kann sich kaum konzentrieren. In seinem Kopf fliegen Luftballons und laufen Bären herum und Dampfer schwimmen im Bad. Und weitere Fragen entstehen in darin: Wie ist es eigentlich mit einem U-Boot, und mit Fischen mit roten Luftballons im Bauch und Karussell auf dem Rummelplatz? Doch dann macht er die Hausaufgaben fertig, das ist für Aljoschka nicht schwer.

Opa wacht auf, gähnt laut und streckt sich dabei. Seine Lesebrille sitzt auf der Spitze seiner Nase und Opa schaut so herum, als wenn er hohe Berge auf dem Horizont betrachtet oder nach einem Segelschiff auf hoher See ausschaut. Dabei sitzt er in Mamis Küche!

„Na, viel gelesen?", fragt Mami, gerade in die Küche kommend. Sie lächelt.

„Ah, meine Tochter! Du siehst wunderbar aus!", bewundert sie.

„Wie eine Prinzessin!", ergänzt Aljoschka.

„Aufgaben fertig?", fragt Mami und schaut in Aljoschkas Heft.

„Klar, es war leicht!", meldet der kleine Schüler. Mami nickt.

„Alles richtig", lautet ihr Urteil. „Nur, du solltest auch in Mathe die Zahlen schöner schreiben. Also gut, räume alles in die Schultasche ein und ziehe deine neue Hose an."
Aljoschka tut es und bald ist er zurück, neu angezogen.

„Opa, Opa, hast du meine Erde schon gesehen?", ruft Aljoschka, zieht Opa mit der Hand zum Kühlschrank und zeigt stolz seine bunte Kartoffel.

„Aha! Ich erkenne Kontinente! Und dass ist wahrscheinlich ein Fluss, ja?"

„Genau", sagt Aljoschka und freut sich, dass Opa es erkannt hat.

„Und wo leben die Eisbären?", fragt Opa.

„Hm, ich weiss es nicht…", gibt Aljoschka zu.

„Hier oben, dort ist kalt und eben, Eis. Deshalb nennt man sie Eisbären."

„Und wo leben Kängurus, Opa?", fragt Aljoschka.

„Hier, wenn der Kontinent, den du da gemalt hast, Australien heisst", zeigt Opa auf einen Kontinent unten auf der Zeichnung.

„Klar ist das Australien! Genau da habe ich Australien gemalt!", erklärt Aljoschka sofort, und Opa lächelt.

„So, ihr beide! Gehen wir? Ich freue mich schon auf den Rummelplatz, Opa kauft mir Zuckerwatte!", ruft Mami schon in schönen Schuhen.

„Na dann gehen wir!", sagt Opa.

„Na dann gehen wir!", sagt Aljoschka nachahmend.

Pferde und Ponys

Schon aus der Ferne kann man laute Musik und Rufe der Stimmen hören, die durch Lautsprecher das hochverehrte Publikum zu den Attraktionen locken. Und es gibt Lichter und ein Karussell mit bunt bemalten Pferden aus Holz für kleine Reiter.

„Eine Fahrt auf diesem Pferd?", fragt Mami Aljoschka. Der dreht seine Augen und informiert sie:

"Bin doch jetzt acht! Kein kleines Kind aus dem Kindergarten!"

„Oh, verzeihen Sie, mein Herr!", entschuldigt sich Mami lächelnd.

„Ich sehe dort richtige Pferde. Siehst du? Ob du Angst hättest so eins zu reiten?", fragt Opa und zeigt auf eine Oval-Strecke. Dort steht ein Mann mit Schnurrbart, ein alter Hut sitzt auf seinem Kopf. In einer Bude stehen vier Ponys: zwei schwarze mit weisser Mähne, ein Grauschimmel und ein weisses Pony. Sie gehen näher. Aljoschka schweigt.

„Hast du etwa Angst?", fragt ihn der Mann mit dem Hut, weil er gewissen Abstand von der Holzabsperrung hält.

„Nö", sagt Aljoschka und streckt zögernd seine Hand aus, um den Grauen Schimmel zu streicheln. Das Pony schaut Aljoschka mit seinen schönen grossen Augen an. Sie sind mit langen Wimpern verziert. Als das Pony seinen Kopf zum Aljoschka bewegt, und wohl denkt, der Kleine hat sicher einen Leckerbissen in der Tasche, zieht Aljoschka schnell seine Hand zurück, erschrocken. Dann sammelt er doch seinen Mut und berührt langsam die Nase des Ponys. Sie ist warm und angenehm haarig.

„Eine Runde gefällig?", fragt der Hut Opa, richtig schätzend, dass er der Bankier ist.

„Freilich!", stimmt Opa zu. Und schon heben Opas starke Hände Aljoschka in die Luft und er landet in einem gelben Sattel, keine Zeit, um sich zu wehren oder zu wundern.

Tom Goldberg

„Hier fest halten", rät der Mann und zeigt unserem Reiter den Halter auf dem Sattel.
Aljoschkas Hände umklammern fest den Halter und der Mann setzt ihm eine echte grüne Jockey-Mütze auf den Kopf. Der Pferdemann ruft irgendein komisches Wort und das Pony bricht auf. Der Mann geht voraus auf der Strecke, den Zaum in der Hand haltend. Aljoschka sitzt jetzt im Sattel wie ein echter Cowboy und Mami zieht ihre kleine Fotokamera aus ihrer Handtasche und macht ein paar Bilder. In ihren Augen könnte ein aufmerksamer Beobachter Stolz, aber auch eine kleine Träne entdecken - oder ist es die Sonne, die sie blendet?
„Was würde die Mütze kosten?", fragt Opa den Mann, wenn Aljoschka wieder festen Boden unter den Füssen hat.
Das Pony steht wieder in der Bude und kaut trockenes Gras. Der Preis wurde ausgehandelt, Opa bezahlt und Aljoschkas Augen strahlen. Auf seinem Kopf sitzt jetzt eine echte grüne Jockey-Mütze und Aljoschka weiss jetzt, er wird eines Tages, wenn er erwachsen sein wird, grosse Pferde züchten und sie selbstverständlich durch die Prärie reiten, so wie Old Shatterhand in Winnetou-Filmen.
„Das war wirklich nicht nötig. Aljoschka hat schon ein Geschenk von dir", sagt Mami zu Opa.
„Na, was wäre ein Jockey ohne Mütze!", antwortet Opa und blinzelt seinem Enkel verschwörerisch zu. Aljoschka ist im Moment der glücklichste Jockey der Welt!

Der Rummelplatz

Ein paar Schritte weiter finden wir ein Kettenkarussell, das sich schnell dreht, und Jungs und Mädchen in schnellen Runden fliegen, kreischen und lachen dabei. Hier ein Riesenrad mit Gondeln, aus denen man die ganze Stadt betrachten kann, dort ein Stand, wo Männer mit einem Luftgewehr Rosen aus Papier abschiessen und ihren Damen schenken. Da wieder ein Stand mit Süssigkeiten, Bonbons und Mandeln im Zucker und hier wieder das Autodrom, wo Aljoschka seine Mami gefahren hat. da ein Stand mit Spielzeugen aus Plastik, Gürteln aus Leder und Cowboy Hüten. Und überall Menschen. Sie bummeln durch die Stände und Attraktionen, stehen herum, schauen zu oder schiessen aus Luftgewehren, sie schaukeln, fliegen, fahren, lachen, schreien, quietschen. Und von allen Seiten laute Musik, die sich zu einer chaotischen Mischung aus allen den Geräuschen mischen, eben, so, wie es nur auf einem richtigen Rummelplatz seien kann.

„Opa! Ich will den Blauen!", zeigt Aljoschka auf den Luftballon, dass der Mann am Luftballon-Stand verkauft. Er füllt bunte Ballons aus einer Gasflasche, dann bindet er sie schnell und geübt mit einer Schnur und lässt sie unter der Decke seines Zeltes schweben.

„Ist in der Flasche Helium, Opa?", fragt Aljoschka auf die Eisenflasche zeigend.

„Genau, mein kluger Junge", lobt Opa Aljoschka.

Opa zieht sein Portmonee aus der Tasche und kauft einen blauen und einen roten Ballon. Den blauen für Aljoschka, den roten für Prinzessin Mami.

„Ich will Zuckerwatte! Bitte, bitte!", sagt Mami wie ein kleines Mädchen.

„Ich will auch!", wünscht sich Aljoschka.
„Und ich will eine Salzgurke!", sagt Opa laut.
Sie finden den Stand mit Zuckerwatte schnell, nur Salzgurken haben sie dort nicht. Mami und Aljoschka naschen die rosarote Zuckerwatte vom Stiel und bleiben vor einem Stand stehen.

Wie ein Schmied ein Hufeisen hämmert

Da sehen sie einen muskulösen Mann mit einer schmutzigen Schürze, die mit durchgebrannten Löchern übersät ist. Der Mann hat einen grossen Behälter mit glühender Kohle vor sich, in dem eine Eisenstange liegt. Der Mann hält die Stange mit langen schwarzen Zangen und dreht sie in der Glut immer um. Die Stange ist zuerst auch glühend rot, dann gelb und immer heller. Der Mann bedient mit seinem rechten Fuss ein Pedal, das mit einer Seil mit grossen Luftblase aus schwarzem Leder verbunden ist.
„Wer ist das und was macht er?", fragt Aljoschka, der so was noch nie gesehen hat.
„Das ist ein Schmied. Er bringt Metall zum Glühen, um es weich zu machen. Dann wird er mit daraus einem Hammer auf diesem Amboss einen Hufeisen machen."
„Und was macht er mit seinem Fuss?", fragt Aljoschka, während seine Augen sich nicht vom Schmied lösen.
„Das ist eine Blase oder auch ein Balg. Damit bläst der Schmied Luft in die brennende Kohle rein. Die Kohle brennt dann besser und ist damit heisser."
„Aha, wie als du damals in das Feuer mit dem Mund gepustet hast, als wir die Würste gebraten haben. Weil du keinen Bald gehabt hast."
„Balg, nicht Bald", korrigiert Opa lächelnd.
„Ja. Und Mami hatte Angst, dass dabei dein Bart verbrennt!"
„Genau, ja. Und deine Wurst ist dann so schwarz geworden, wie diese Kohle da!", erinnert sich Mami.
Inzwischen hat der Schmied das Eisen mit der Zange aus dem Feuer rausgezogen und einen riesigen Hammer in die andere Hand genommen. Es ist eine sehr grosse, von Kohle verschmutzte Hand. Der Schmied legt das glühende Ende der Eisenstange auf den Amboss. Es ist ein grosses Ding aus Metall mit einer glatten Fläche und einem Dorn, der wie ein gerades Horn aussieht. Der Schmied haut stark mit dem schweren Hammer in das glühende Eisen, Funken fliegen herum und das Metall biegt sich – es wird flacher und langsam entsteht ein Hufeisen. Der Schmied ist mit dem Hufeisen zufrieden und taucht es in eine Flüssigkeit in einem Fass. Es zischt und riecht stark. Dampf steigt zur Decke.
„Was hat er jetzt damit gemacht?", fragt Aljoschka.
„Er kühlt das Hufeisen in einem Öl ab. So wird das Hufeisen sehr hart. Man nennt es

abschrecken."

„Oj! Mich hat es aber nicht abgeschreckt!", meldet Aljoschka sofort.

„Gehen wir weniger riechende Luft einatmen!", schlägt Mami vor, die von dem Schmied nicht so fasziniert ist, wie ihre Begleiter.

„Aber wir werden wieder ein Feuer machen und Würste braten, Opa, ja?", fragt Aljoschka bittend.

„Klar, wir werden es machen. In zwei Wochen kommst du mit Mami zu mir und ihr bleibt eine Weile. Und wir werden fischen und Holz für den Kamin spalten, und viele interessante Dinge tun", plant Opa den Urlaub für seine Tochter und seinen Enkel.

„Und Würstchen braten!", besteht Aljoschka.

„Aber klar doch!", bestätigt Opa. „Und Pilze sammeln, und Beeren."

„Oj, Bären sammeln! Braune Bären oder Eisbären?", fragt Aljoschka scherzhaft.

„Walderdbeeren und Heidelbeeren, Himbeeren und Erdbeeren. Daraus wird Mami einen wunderbaren Kuchen backen!", freut sich Opa.

„Und werden frische Luft atmen", ergänzt Mami seufzend.

„Luft, Luft, Luft. Schon wieder Luft!", beklagt sich der junge Mann.

Sie verlassen den Stand des Schmieds und gehen zum Karussell.

Alles Luft!

„Du weisst noch so wenig über die Luft, Alex!", sagt Opa. Er nennt Aljoschka nie Aljoschka. Der ist froh. Er fühlt sich fast wie ein Erwachsener, auch wenn er anscheinend von der Luft so wenig weiss.

„Luft! Ich sehe die nicht, spüre sie nicht."

„Na, nicht ganz. So gewöhnliche Luft hat viele Formen und Eigenschaften. Auch wenn wir die Luft nicht sehen, schmecken oder riechen können. Wir spüren aber den Wind im Haar und auf den Wangen. Das ist ein Luftstrom. Wir füllen mit Luft Gummiboote, Autoreifen. Mit Pusten kühlst du deine heisse Suppe. Auch das ist Luftstrom. Luft kann auch sehr viele Schäden einrichten. Stürme, Hurrikans, Taifuns oder Tornados nehmen Menschen Dächer von ihren Häusern weg, können Bäume wie Streichhölzer knicken. Auch das sind Luftströme."

Aljoschka weiss das alles, aber dass es Luft ist, daran hat er nie gedacht.

„Wenigstens kann uns die Luft nichts antun, weil es so wenig davon hier gibt!", erfreut sich Aljoschka und schwingt mit den Händen herum.

„Oho! Da würdest du dich wundern! Die Luft ist sehr schwer, weil es von ihr sehr viel gibt! Wir nennen diese Luftmenge Atmosphäre", sagt Opa.

„Wieso schwer? Der Hammer des Schmiedes war schwer und ein Auto ist schwer. Die Luft ist leicht!", ist Aljoschka überzeugt.

„Ja und nein", sagt Opa und denkt nach, wie er es erklären soll.

„Von der Luft ist um uns herum so viel, dass sie ein enormes Gewicht hat. Das Gewicht erkennen wir als Luftdruck", sagt Opa nach einer Weile.

„Viele Menschen haben es auch nicht geglaubt, weil es niemand beweisen konnte. Bis vor mehr als 350 Jahren, als ein Graf oder Baron oder wer genau, das weiss ich nicht mehr... er hat es bewiesen. Er hat ein Experiment durchgeführt, vor einem Fürst, der Friedrich Wilhelm hiess, das weiss ich noch... also dieser Baron hat die Wirkung des Luftdrucks gezeigt."

„Wie hat er das gemacht?", fragt Aljoschka und weiss, es wird spannend.

„So, wie er es gemacht hat, können wir das in Mamis Küche leider nicht nachmachen, aber wir versuchen es anders", plant Opa.

„Wie, wie hat der Baron es dem Fürst gezeigt? Und war es ein echter König? Mit drei Söhnen?", fragt Aljoschka mit Spannung im Gesicht.

„Na, wie viele Söhne oder Töchter er hatte, weiss ich wirklich nicht. Aber es war ein wirklicher wahrer König. Er hatte eine Burg!", sagt Opa.

„Echt? Eine Burg? Mit Türmen und Wassergraben und einer Zugbrücke?"

„Ja, genau in so einer Burg lebte der Fürst. Die Burg hiess Brandenburg."

„Wirklich?", fragt Aljoschka verwundert. „Burg Brandenburg. Das ist komisch!", lächelt Aljoschka.

„Na, nicht komischer, als Salzburg", erwähnt Opa eine andere Burg.

„Und warum können wir das Experiment nicht in der Küche machen?"

„Das wirst du sofort erkennen", erklärt Opa. „Der Baron hat zwei Halbkugeln aus Kupfer fertigten lassen. Kupfer ist ein Metall, das zum Beispiel zum Bau des Dachs auf einer Kirche oder Kapelle verwendet wird."

„Was sind Halbkugeln?", fragt Aljoschka sofort.

„Stell dir vor: wir nehmen eine Wassermelone. Das ist eine Kugel. Wenn wir sie in zwei Hälften Schneiden und nehmen das süsse Fleisch mit einem Löffel raus, so, dass nur die Schalen, also die hohlen Halbkugeln, bleiben. Kannst du es dir vorstellen?"

„Ja."

„Gut, also der Baron hat solche hohlen Halbkugeln nicht aus einer Melone, sondern aus Kupferblech gefertigt. Dazu hat er ein Ventil auf eine Halbkugel montiert, so wie es auf einem Autoreifen ist, oder auf deinem Schwimmflügel."

„Ich weiss, was Ventil ist. Auch an meinem Fahrrad gibt es ein. Ich muss die Räder mit einer Pumpe nachfüllen, wenn sie leer sind."

„Genau. Nur hat der Baron durch das Ventil die Luft aus den Halbkugeln nicht rein, sondern rausgepumpt", erklärt Opa. „Die Halbkugeln waren so gross, wie eben eine grosse Wassermelone. Die hat er auf die Burg Brandenburg oder Magdeburg gebracht. Auf dem Feld vor der Burg haben sich viele Zuschauer versammelt und auch der Fürst ist natürlich gekommen. Er hat auf einem goldenen Sessel gesessen, den ihm seine

Diener gebracht haben. Der Baron hat seine Halbkugeln aus Kupfer genommen und daraus eine grosse Kugel gemacht. Zwischen die Halbkugeln hat er ein Band mit Bienenwachs gelegt. Das benutzte er als Dichtung."

„Warum?", fragt Aljoschka, der sich das gut vorstellen kann.

„Na, dass der Raum innerhalb der Kugel luftdicht wäre. Das heisst, keine Luft kann in die Kugel rein, aber auch nicht raus. Dann hat der Baron eine Pumpe genommen, die er auch selbst gebaut hat, und hat, wie gesagt, die Luft aus der Kugel rausgepumpt."

„Und dann?", fragt Aljoschka ganz angespannt.

„Dann haben die Diener sechzehn starke Pferde gebracht. Ja! Sechszehen! Und der Baron hat sie mit starken Seilen auf jeder Seite der Kupferkugel gespannt. Acht Pferde nach links, acht nach rechts. Und – „Los!", haben die Kutscher den Pferden befohlen. Aber die Pferde konnten die Halbkugeln nicht voneinander trennen! So stark hat die Luft von aussen auf die hohlen Kugeln gedrückt!"

„Und dann? Was war dann?", fragt Aljoschka, der vor seinen Augen die Szene hat: acht wilde Pferde auf jeder Seite, die schnauben und ziehen, aber auf der Stelle bleiben, nur Gras und Erde fliegen von ihren Hufen herum.

„Dann hat der Baron die Pferde wieder in den Stall bringen lassen. Und hat langsam die Luft aus der Umgebung durch das Ventil in die Kugel einströmen lassen. Dann hat er die zwei Halbkugeln mit seinen Händen leicht voneinander getrennt. Einfach so!", zeigt Opa mit seinen Armen, wie leicht das war. „Das war der Beweis, dass die Luft enormen Druck hat. Und jetzt weisst du auch, warum wir ein ähnliches Experiment in Mamis Küche nicht nachmachen können", erklärt Opa.

„Ja. Weil wir keine sechzehn Pferde haben", sagt Aljoschka ernsthaft und auch etwas traurig.

Alles hat einen Sinn!

Sie gehen weiter zum Kettenkarussell. Dann, nach einer Weile, sagt Opa:

„Weisst du, wir, Menschen, haben fünf Sinne. Besser gesagt, sechs. Ob du weisst, welche es sind?" Und er fragt eigentlich beide: Aljoschka und Mami.

„Ich weiss nicht, was du mit Sinnen meinst!", gibt Aljoschka zu, dass er etwas nicht weiss.

„Sinne haben Menschen und Tiere", beteiligt sich Mami an dem Gespräch. „Einen Sinn nennt man auch Wahrnehmung. Tiere und auch Menschen zum Beispiel sehen. Wir haben dazu verschiedene Sinnesorgane im Körper. Du weisst sicher, mit welchen Organen du sehen kannst, hm?", fragt Mami.

„Ich sehe mit den Augen!", erkennt Aljoschka den Zusammenhang. „Ich sehe mit den Augen."

„Genau. Und Hunde und Katzen sehen auch mit Augen", ergänzt Opa.

„Und Braunbären auch!", erinnert sich Aljoschka, dem dieses Tier nicht aus dem Kopf geht.

„Wie viel Augen haben Menschen oder Braunbären?", fragt Opa.

„Na zwei doch!", antwortet Aljoschka und wundert sich. „Das weiss doch jedes Kind. Alle Tiere haben doch zwei Augen!"

„Na, manche Spinnen haben zum Beispiel sechs Sehorgane. Und Quallen im Meer nur lichtempfindliche Organe."

Aljoschka kommt aus Verwunderung nicht raus.

„Welche Sinne hast du noch?"

„Hm", denkt Aljoschka nach.

„Ich kann dein Organ ein wenig ziehen!", sagt Mami und zieht leicht Aljoschka an seinem Ohr. „Was hast du denn da?"

„Auuuu! Das ist mein Ohr!", beklagt sich Aljoschka auch, wenn Mami ihm nicht besonders weh tut. Aber sicher ist sicher!

„Richtig. Das ist ein Sinnesorgan. Für was?", fragt Mami.

„Für Hören!"

„Genau", bestätigt Opa. „Also, das sind zwei Sinne und Sinnesorgane. Bleiben noch vier. Welche sind es?"

Aljoschka begreift das Spiel. Er denkt weiter nach. Kann aber irgendwie nicht weiter kommen.

„Ich weiss nicht", sagt er nach einer Weile enttäuscht.

„Wie ist deine Zuckerwatte?", fragt Mami als so nebenbei.

„Gut!", sagt Aljoschka.

„Mami will wissen, WIE sie ist. Sauer, bitter, salzig, süss...", hilft Opa nach.

„Na, süss doch!", wundert sich Aljoschka über solche Fragen.

„Wie hast du es erkannt? Dass die Zuckerwatte süss schmeckt?"

„Mit meiner Zunge."

„Also, du hast mit deiner Zunge den GESCHMACK der Zuckerwatte erkannt. Das ist ein weiterer Sinn. Geschmack. Mit diesem Sinn erkennst du, was süss ist, sauer, salzig, bitter und so weiter. Welches Sinnesorgan ist es?", lässt Opa Raum für Aljoschkas Antwort.

„Meine Zunge."

„Richtig. Also, wir haben drei Sinne. Sehen, Hören und Schmecken. Bleiben noch drei. Welche?"

Aljoschka weiss es nicht.

„Momentchen", sagt Mami und bleibt stehen, etwas in ihrer bodenlosen Handtasche suchend. Alle blieben stehen.

„Jetzt mach deine Sehorgane zu", ordnet Mami an.

„Was soll ich?", versteht Aljoschka nicht.

„Mach deine Augen zu!", lächelt Opa. Aljoschka schliesst seine Augen. Mami zieht aus der Handtasche ein winziges Fläschchen mit ihrem Parfüm raus. Sie öffnet die Verschlusskappe und hält das Fläschchen unter Aljoschkas Nase.

„Da riecht etwas schön!", lobt Aljoschka den Duft.

Wie hast du es festgestellt?", fragt Mami.

„Na, ich rieche das!"

„Riechen. Ja. Das ist ein weiterer Sinn. RIECHEN. Mit welchem Organ riechst du?"

„Mit meiner Nase", ist es für Aljoschka sofort klar.

„Gut. Wir haben also Sehen, Hören, Schmecken und Riechen. Das sind vier. Noch zwei", sagt Opa und, wenn Mami ihr Parfüm wieder in die Handtasche versorgt, gehen unsere Freunde weiter.

Aljoschka denkt und denkt.

„Noch einen Moment", sagt Mami plötzlich, „nochmals Augen zu."

Und schon fischt sie aus der Handtasche eine Nagelfeile. „Deine Augen wieder schliessen, bitte."

Aljoschka hat an diesem Spiel immer mehr Spass.

„Gib mir deinen Finger."

Aljoschka streckt seinen Zeigefinger, als wenn er die Windrichtung feststellen will.

Mami gleitet leicht mit der Nagelfeile über Aljoschkas Fingerspitze.

„Was fühlst du? Was ist das?", fragt Mami.

Opa ist stolz, dass er so eine kluge Tochter hat, die sich sofort aktiv beteiligt.

„Es ist was Kaltes und Raues", sagt Aljoschka mit geschlossenen Augen.
Mami streichelt seine Wange mit der Feile. Dann die Nase, den Hals.
„Jetzt kannst du deine Augen öffnen", erlaubt Mami.
Aljoschka sieht die Nagelfeile in Mamis Hand.
„Was hast du gefühlt?", fragt sie.
„Sagte ich doch!"
„Gut. Du hast es eben GEFÜHLT. Welcher Sinn ist das und mit welchem Organ hast du erkannt, dass es kalt und rau war?", fragt Opa, während Mami die Nagelfeile zurück in ihrer Handtasche verschwunden lässt.
„Mit Finger, Nase, Wange, Haut auf dem Hals...", erinnert sich Aljoschka.
„Gut. Sehr gut. Also gefühlt mit der Haut. Weisst du, die Haut ist der grösste Sinnesorgan, den wir haben", erklärt Opa.
„Und der fünfte Sinn ist der Fühlsinn!", behauptet Aljoschka mit Sicherheit.
„Unsinn!", lacht Opa. „Es heisst TASTSINN."
„Du kannst mit deinem Tastsinn erkennen nicht nur, was rau, glatt, spitzig oder stumpf ist, sondern auch, ob etwas heiss oder kalt ist. Also, wir haben?..", fragt Opa.
„Sehen, Hören, Schmecken, Riechen und Tasten", sagt Aljoschka sehr stolz.

Die Sinnesorgane

Sinn	Sinnesorgan
1. Sehen	Auge(n)
2. Hören	Ohr(en)
3. Schmecken	Zunge
4. Riechen	Nase
5. Tasten	Haut (erkennt auch Temperatur)
6. ?	

„.Gut. Bleibt noch ein Sinn", sagt Opa.
„Bist du ganz sicher?", fragt Mami mit Skepsis. „Ich kenne nur fünf."
„Ja. Fast alle Menschen vergessen, dass sie noch einen Sinn haben, dazu einen sehr wichtigen. Aber für den Luftdruck haben wir leider keinen Sinn. Schnelle Veränderungen des Luftdrucks wirken sich mit einem kleinen Knall in den Ohren aus. Kennst du das?", fragt Opa.
„Ja, klar doch! Als wir mit der Klasse einen Ausflug gemacht haben, hat es in meinen

Ohren geknallt, als wir vom Berg runtergefahren sind. Angenehm war es nicht gerade", erzählt Aljoschka seine Erfahrung.

„Genau, oben auf dem Berg ist der Luftdruck kleiner als unten. Die Luft hat auf dein Trommelfell, das du in deinem Ohr hast, gedrückt. Das hast du als Knall wahrgenommen."

„Aber Opa, welcher ist der sechste Sinn?"

Opa schmunzelt schelmisch, weil er weiss, Mami und Aljoschka wissen es nicht.

„Es gibt definitiv nur fünf Sinne!", behauptet schlussendlich Mami.

„Es gibt ***defitiniv*** fünf Sinne!", imitiert sie Aljoschka.

„Dazu will ich euch noch auf etwas Wichtiges aufmerksam machen", sagt Opa. „Wir empfinden das alles - Farben, Geräusche, Düfte, den Geschmack vom Essen und auch die Temperatur und ob was glatt oder rau ist - mit einem Organ. Einem einzigen!"

„Ha! Gerade hast du über Augen, Ohren, Nase und allen anderen Organen gesprochen und jetzt soll es wieder nur einer sein? Das verstehe ich nicht!", beklagt sich Aljoschka über diese Ungerechtigkeit.

„Ach, ich weiss, was du meinst, Opa!", lächelt Mami.

„Dann verrate es uns!", ermutigt Opa seine Tochter.

„Gehirn! Das Organ ist das Gehirn."

„Absolut richtig. Im Gehirn haben wir verschiedene Bereiche, die mit Sinnesorganen durch Nervenfaser verbunden sind. So senden alle Sinnesorgane sehr viele Informationen an Gehirn", erklärt Opa und Aljoschka ist total verwirrt. Opa merkt es und deshalb fährt er fort.

„Weisst du, wenn zum Beispiel ein Hörzentrum im Gehirn durch einen Unfall oder Krankheit beschädigt wird, dann ist ein Mensch oder Tier taub, hört nichts, obwohl seine Ohren am richtigen Platz sind und das gesamte Hörorgan absolut in Ordnung ist."

Alle drei sind inzwischen bei einem Kettenkarussell angelangt.

„Bald erkennt ihr, welchen sechsten Sinn ihr habt!", lächelt Opa.

Der sechste Sinn

Ein Junge mit schwarzem lockigen Haar, dichten schwarzen Augenbrauen und genau so schwarzen Augen steht am Eingang zum Kettenkarussell. Aljoschka merkt ein rotes Tuch mit weissen Punkten um seinen Hals.

„Wie alt bist du denn?", fragt er Aljoschka.

„Schon acht!", meldet Aljoschka stolz.

„Ist das wahr?", wendet sich der Junge an die Begleitung.

„Ja, das ist wahr", bestätigt Mami.

„Dann darfst du rein."

„Ich will, dass Mami mit mir geht!", bittet Aljoschka und schaut Mami an.

„Ist sie auch schon acht?", fragt der Junge lächelnd.
„Klar doch!", wundert sich Aljoschka über diese Frage.
„Dann darf die Mami auch rein."
„Und Opa?", fragt Aljoschka sofort.
„Ich bin zwar auch schon acht, aber habe nur einen Magen! Also danke, ich warte da drüben und mache ein Bild zur Erinnerung. Gib mir bitte deine Fotokamera, Töchterchen."
Mami gibt Opa die Kamera.
Der Junge kassiert das Eintrittsgeld und lässt beide Wagehälse rein. Er setzt Aljoschka auf den Sitz und sichert ihn mit einer Kette so, dass Aljoschka nicht rausfallen kann. Aljoschka greift fest die an den Ketten angebrachten Halter aus Holz. Mami ist auch schon auf dem Sitz neben ihm. Und schon beginnt sich das Karussell zu drehen, immer schneller und schneller und sie fliegen in der Luft und Aljoschka schreit und Mami lacht und Opa macht Fotos mit der Kamera und die Musik ist laut, Aljoschka kann Opa und auch alles andere nicht mehr sehen, alles dreht sich und ist mal unten, mal oben, seine Hände halten die Halter so fest, dass seine Finger schmerzen.
Aljoschka spürt, wie er weg vom Karussell geschleudert würde, wenn die Sicherheitskette ihn nicht halten würde. Zuerst hat es ihm Spass gemacht, aber jetzt wünscht er sich da raus, es ist ihm fast übel im Magen. Ob er zu viel Zuckerwatte vernascht hat? Sein Kopf dreht sich beinahe schneller, als das Karussell selbst. Endlich aber verlangsamt sich das Karussell und steht still. Aber die Welt um Aljoschka dreht sich weiter, nichts steht auf der Stelle, die Menschen drehen sich um ihn und die Bäume tanzen herum, und Mami, und Opa auch, warum bleiben sie denn nicht stehen! Der schwarze Junge befreit Aljoschka aus dem Sitz und stellt ihn auf den Boden. Aljoschka denkt, er fällt um, die Erde dreht sich unter seinen Füssen weiter und weiter und Mamis Hand greift nach seiner Hand und sie lacht.
„Na komm, mein Kleiner. Du bist doch weiss wie Kreide!"
„Mir ist es übel", beklagt sich Aljoschka und kann kaum auf den Beinen stehen, er wagt keinen Schritt zu machen. Opa macht ein Foto von seiner Tochter und seinem Enkel und ist zufrieden.
„Seht ihr beide? Das sich eure Köpfe drehen, ihr könnt kaum einen sicheren Schritt machen und Aljoschka will vielleicht seine Zuckerwatte loswerden, das alles hat mit dem sechsten Sinn zu tun!", erklärt Opa lächelnd.
Aber Aljoschka denkt jetzt nicht über Erklärungen nach und will über Sinne nichts wissen. Er will, dass sich die Erde endlich aufhört sich so schnell unter seinen Füssen zu drehen, dass die Bäume und Stände und Menschen herum stehen bleiben. Aber Mami weisst jetzt, was Opa meint: „Der sechste Sinn ist der Gleichgewichtssinn! Ich fühle mich jetzt wie ein Matrose auf einem Schiff, das mit hohen Wellen kämpft."

„Na, dann versuchen wir das Festland dort zu erreichen. Dort ist unser sicherer Hafen. Wir werden was trinken und ihr erholt euch nach der Seefahrt", beruhigt Opa beide Matrosen und zeigt auf einen kleinen Stand mit Sonnenschirmen und weissen Stühlen aus Plastik. Er hebt Aljoschka mit seinen starken Armen hoch.

„Kannst du mich auch auf das Festland in den Hafen tragen?", bittet Mami. „Bitte, bitte."

„Sie müssen sich durchkämpfen, tapferer Kapitän! Sie sollen ein Vorbild für ihre Mannschaft sein!", mahnt Opa erbarmungslos.

„Ich versuche, Herr Admiral!", meldet Mami-Kapitän und bricht aus auf den langen, mehr als dreissig Schritte langen Weg zum Hafen, wo Limonade, Kaffee und andere Produkte für arme Matrosen angeboten werden.

Wo ist das Sinnesorgan für Gleichgewicht

Unsere Freunde nehmen Plätze unter einem roten Sonnenschirm. Die Erde beruhigt sich schnell und Aljoschka bittet Mami um eine Orangenlimonade. Mami wünscht sich Mineralwasser und Opa geht in die Bude seinen Schützlingen Getränke und für sich einen starken Kaffee zu holen. Und schon trägt er ein Tablett mit den Getränken, dazu zwei Kugeln Eiscreme in Pappbechern mit Plastiklöffeln für Aljoschka und Mami.

„Wie fühlst du dich jetzt, Alex? Noch eine Runde?", fragt Opa schelmisch.

„Klar doch!", sagt Aljoschka tapfer. Er fühlt sich wieder gut und alles steht am richtigen Platz. Er trinkt ein halbes Glas seiner Limonade. Dann stürzt er sich auf sein Eis. Nach einer Weile fragt er:

„Opa, warum hat sich alles gedreht und ich konnte nach der Fahrt nicht gehen und stehen?"

„Weil dein Sinn für Gleichgewicht durch die Fliehkraft gestört wurde."

„Gleichgewicht durch die *Fliegenkraft*?"

„Nicht Fliegenkraft. Fliegen haben nicht viel Kraft!", lächelt Opa. Die FLIEHKRAFT hat dein Gleichgewicht gestört."

„Was ist denn Fliehkraft? Und was ist Gleichgewicht?", bombardiert Aljoschka Opa mir Fragen, dabei Eiscreme naschend.

„Oho! Langsam. Eins nach dem anderen", bremst seinen Enkel Opa.

„Zuerst aber, was ist Gleichgewicht. Es ist, wie ich vor eurer Fahrt gesagt habe, der sechste Sinn eines Menschen. Aber auch Tiere haben es. Jeder hat dieses Organ für Gleichgewicht, aber nur wenigen ist es bewusst und wenige denken darüber nach. Dabei ist es ein sehr wichtiger Sinn! Dieser Sinn zeigt uns, wo und in welcher Position wir uns im Raum bewegen, wo oben und wo unten ist."

„Das weiss doch jeder, wo Oben und wo Unten ist!", erklärt Aljoschka die natürlichste Sache der Welt.

„Und wo ist denn unten und wo oben?", fragt Opa und Mami sieht, er fragt nicht einfach so. Er plant sicher eine Überraschung. Oh, wie kennt sie ihren Vater. Und wie bewundert sie ihn. auch, wenn sie jetzt kein Kind mehr ist.

„Na, das ist doch klar! Unten ist da und oben ist dort!", zeigt Aljoschka mit dem Finger zuerst auf den Boden, dann Richtung Himmel, der über dem Sonnenschirm ist.

„Und, wenn ich dich an den Beinen halte, Kopf runter, wie letztes Mal, wo ist dann Oben und wo Unten?", fragt Opa weiter.

„Unten ist dann unter meinem Kopf und Oben immer dort, oben!"

„Wieso weisst du denn das?"

„Ich sehe es doch."

„Und, wenn du deine Augen schliesst? Weisst du dann nicht mehr, wo oben und wo unten ist?"

„Doch, das weiss ich auch!"

„Wieso weisst du es, wenn du es nicht siehst?", will Opa wissen.

„Weil, weil...", die Antwort kommt aber nicht.

„Weil du ein Gleichgewicht-Sinnesorgan hast! So wie Fische, die wissen, wo oben und wo unten ist. Wie die Katze, die immer auf ihren Pfoten landet, wenn sie sich in der Luft beim Fall dreht. Es ist ein sehr wichtiges Sinnesorgan."

„Ohne dieses Organ würden Enten nicht auf ihren Beinen landen, sondern vielleicht auf den Kopf fallen. Und Frösche auf den Rücken fallen, nach einem Sprung", denkt Mami mit.

„Wo ist der Sinn?", fragt Aljoschka.

„Im Ohr!", meldet Mami, weil sie vieles von ihrem Vater weiss.

„Im Ohr?", fragt Aljoschka verwundert.

„Im Innenohr, genauer gesagt", berichtigt Opa Mami. „Das Organ im Innenohr sagt deinem Kopf, in welcher Lage du dich befindest und ob du dich drehst, wo oben und wo unten ist. Wenn dieses Organ geschädigt oder durch Kräfte beeinflusst wird, wie eben auf dem Karussell, spürst du Drehschwindel oder sogar Übelkeit, so wie vor einer Weile. Aber du musst dich nicht schämen. Das haben genau so Piloten in Jets oder Kosmonauten auf der Umlaufbahn um die Erde."

„Und wie funktioniert es, dass ich weiss, wo unten und wo oben ist, auch mit geschlossenen Augen?", fragt Aljoschka weiter.

„Im Innenohr gibt es kleine Säckchen. Ganz winzige. Sie sind mit einer Flüssigkeit gefüllt, die winzige Härchen beim Bewegen biegt. Einige dieser Härchen sagen dem Gehirn, wo oben oder unten ist. Andere reagieren auf Drehbewegungen deines Kopfes. Drehe schnell deinen Kopf hin und her", fordert Opa Aljoschka auf.

Aljoschka dreht mit seinem Kopf nach links und rechts.

„Schneller!"

Luftballons

Aljoschka dreht seinen Kopf schnell hin und her. Und tatsächlich bekommt er bald Schwindel. Der verschwindet aber sehr bald, als er aufhört. Na, Kinder, versucht es auch!

„Siehst du? Wenn du deinen Kopf schüttelst, werden die Härchen stark verbogen und so bekommt dein Gehirn Informationen über Drehung. Dass du weisst, wo oben und unten ist, dafür sorgen andere Härchen."

„Und wie ist es bei den Kosmonauten?", fragt Mami mit Interesse.

„Das ist so", erklärt Opa und schlürft seinen Kaffee.

„Alles, was du um uns herum siehst, wird von der Erde angezogen. Dein Mineralwasser, das auch eine Flüssigkeit ist, schwebt nicht in der Luft, weil es nach unten von der Anziehungskraft der Erde angezogen wird. Und genauso ist es in deinem Innenohr. Die Flüssigkeit in den Säckchen wird nach unten Richtung Erde gezogen. Wenn du auf dem Kopf stehen würdest, wie du es gern gemacht hast, als du 13 warst, biegt die Flüssigkeit andere Härchen und du weisst, dass du auf dem Kopf stehst, auch, wenn du die Augen schliesst."

Mami als Kind steht mit dem Kopf nach unten. Nicht nur die Härchen im Innenohr, sondern auch Mamis Haare werden von der Erde nach unten angezogen.

„Und im Raumschiff? Wie ist es dort?", fragt Aljoschka und denkt sofort an sein Raumschiff, das er aus Lego-Bausteinen gebaut hat.

„In einem Raumschiff oder einer Kapsel oder einer Weltraumstation gibt es keine Schwerkraft. Dort herrscht Schwerelosigkeit. Sicher hast du im Fernsehen gesehen, wie die Kosmonauten durch die Station schweben."

„Ja! Und sie haben Limonade in der Luft schweben lassen und sie ist dort geblieben! Es war eine gelbe Kugel", erinnert sich Aljoschka an eine Sendung, wo Kosmonauten durch ihre Station in der Luft geschwommen sind und lustige Dinge gezeigt haben. Eine Kamera ist durch den Raum geschwebt, wie auch verschiedene Gegenstände und die Kosmonauten selbst.

„Ja. Und auch die Flüssigkeit im Innenohr der Kosmonauten schwebt und biegt alle Härchen so, dass die Kosmonauten sich auch eine Weile so fühlen, wie du nach der Fahrt am Karussell."

„Ist es ihnen lange schlecht?", fragt Aljoschka, und denkt an seine Kosmonauten im Lego-Raumschiff.

„Sogar ein paar Tage fühlen sie Schwindel und Übelkeit. Man nennt es Weltraumkrankheit. Sie gewöhnen sich aber dann an die Umstände."

"Und Hunde und Katzen haben auch solche Säckchen mit Härchen in Ohren?"

„Ja. Auch Affen und Esel und alle Tiere, die Ohren haben."

„Wo, wo habe ich meine Härchen?", fragt Aljoschka und berührt seine Ohren mit dem Finger.

„Nicht dort, sondern da, zwischen deinem Ohr und deinem Auge".

Opa zeigt die Stelle.

„Sie sind so winzig klein, dass du sie nicht sehen könntest. Nur in einem starken Mikroskop."

„Oj! Das ist so ein Gerät, das die Ärztin in dem Labor hatte, als sie mein Blut schaute, als ich krank war. Sie hat in so ein Röhrchen geschaut", erinnert sich Aljoschka.

„Genau. Du hast damals wie ein Pavian geschrien, wenn sie dir das Blut abgenommen hat", erinnert sich Mami auch.

„Sie hat aber auch diese schrecklich lange und dicke Nadel genommen!", versucht Aljoschka sich zu verteidigen.

„Die Nadel war sehr dünn und klein und ich und dazu gerufene Team von Krankenschwestern mussten dich wie ein wildes Krokodil festhalten!", malt Mami die Szene farbig, aber verständnisvoll aus.

„Und ich müsste mein Ohr unter dieses *Skop* legen, um die Härchen zu sehen?", versucht Aljoschka das Thema zu wechseln.

„Mikroskop", berichtigt Opa, der die gerade geschilderte Geschichte nicht kommentiert. „Kommt ihr beide, wir haben noch was vor."

Aljoschka trinkt sein Glas leer und Mami ist auch schon fertig. Opa trinkt seinen Kaffee aus und sie stehen auf. Wir wissen, liebe Kinder, dass noch einige Attraktionen auf alle warten!

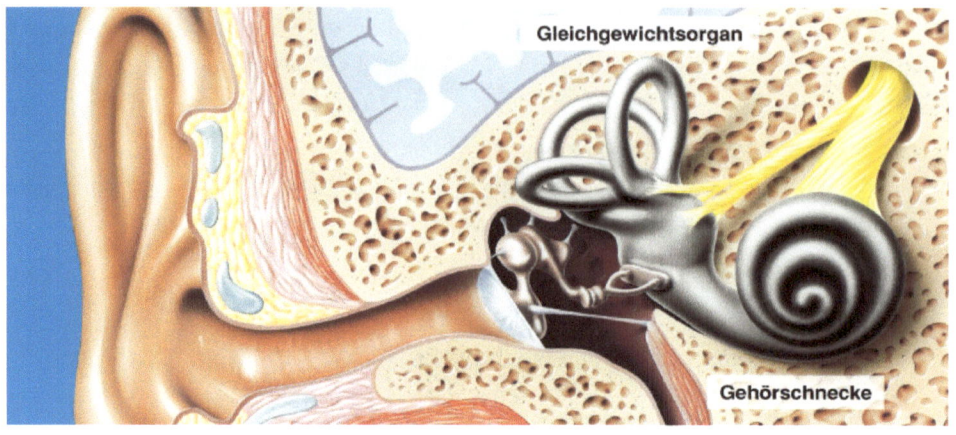

Das Innenohr ist mehr als ein Hörorgan. Das Vestibularorgan umfasst drei mit Flüssigkeit gefüllte ringförmigen Gebilde, die so genannte Bogengänge. Die Bogengänge enden jeweils in einer Verdickung, Ampulle genannt. Darin befinden sich Sinneszellen, die Drehbewegungen messen und an Gehirn weiterleiten. Die in Utriculus und Sacculum zueinander senkrecht angeordneten Messfühler ermitteln unter anderem, wo oben und unten ist.

Spring höher, Aljoschka!

Nicht weit vom Imbissstand entfernt finden unsere Freunde eine interessante Attraktion. Es ist eine grosse Matte, auf der Kinder in die Luft hoch springen. Sie schreien und lachen laut und springen, mal auf die Beine, mal auf den Rücken, Bauch oder Hintern und wieder in die Luft. Aljoschka möchte es auch ausprobieren, Mami stimmt zu, und ein Mann lässt ihn durch eine Tür rein, die in einem hohen Netz montiert ist. Das Netz sichert die Kinder, so dass sie nicht auf den harten Boden fallen können. Mami übernimmt Aljoschkas Luftballon und seine neue Jockey-Mütze. Der Mann fordert ihn auf, seine Schuhe auszuziehen, um beim Springen keine anderen Kinder zu verletzen. Und schon springt er und schreit dabei vor Freude, hilft sich mit beiden Armen, fällt wieder auf die federnde Matte.

„Spring höher! Noch höher!", ermutigt Opa seinen Enkel, mit Mami hinter dem Netz stehend. Mami schiesst wieder ein Foto mit ihrer Kamera.

„Du würdest am liebsten mit ihm in die Luft springen, was?", lächelt Mami, ihre Augen auf ihrem Sohn gerichtet.

„Ja, schade, ich bin nicht mehr acht", beklagt sich Opa ein wenig traurig, aber regt seinen Enkel weiter an:

„Höher! Noch höher!"

„Höher geht nicht!", erwidert Aljoschka laut und springt mit allen Kräften so hoch, wie er nur kann. Mehrere Kinder springen mit und die Eltern lachen und sind stolz, wie ihr Nachwuchs grosse Freude an diesem einfachen Gerät findet. Auch Aljoschka ist

offensichtlich glücklich und fällt mal auf den Rücken, mal auf seinen Hintern.
Nach einer Weile hat Aljoschka genug und der Mann lässt ihn aus der Anlage raus. Er zieht seine Schuhe an und setzt sich die neue Jockey-Mütze auf seinen verschwitzten Kopf.

„Du bist ganz erhitzt!", sorgt sich Mami.

„Und ich hab Durst, wie ein Elefant!", meldet Aljoschka. „Ich würde gern noch eine Limonade trinken."

„Jetzt warten wir mit Limonade, bis du abkühlst", entscheidet Mami. „Dann kannst du noch eine haben."

„Es war super auf dem Ding da zu springen!", lobt Aljoschka das Gerät.

„Du meinst das Trampolin", benennt Mami die Vorrichtung.

„Ja. Und, Opa, wenn so ein *Trumpelin* viel grösser wäre, könnte ich dann noch höher springen?", fragt Aljoschka plötzlich.

„Ein wenig schon ja", antwortet Opa, als sich Aljoschkas Hand in seiner gefunden hat. Die andere Hand hält schon Mami fest.

„Nur", fährt Opa fort, „nicht sehr viel höher. Dass du auf dem Trampolin so hoch springen kannst, ist eigentlich nicht ganz dein eigenes Verdienst, sondern da haben die starken Federn geholfen, an denen die Matte hängt. Sie sind aus Stahl, solche Spiralen, siehst du?", zeigt Opa auf die grossen metallischen Spiralen, mit welchen die Matte mit einem Rahmen aus Eisen verbunden ist.

„Immer, wenn du springst und dann zurückfällst, ziehst du die Feder mit deinem Körpergewicht und dann helfen dir die Feder wieder in die Höhe, wenn sie sich zusammenziehen. Die Feder federn eben."

„Ich dachte, so federt die Matte selbst", überlegt Mami laut.

„Nein. Die Federn aus Stahl funktionieren so. Genau wie ein Gummiband. Oder auch ein Bogen, mit dem die Indianer ihre Pfeile schiessen, um wilde Tiere zu erlegen", erklärt Opa.

„Ich will so einen Bogen, wie Winnetou ihn im Film gehabt hat, Opa, bitte. Kann man so einen Bogen kaufen?"

„Sicher. Ist aber nicht billig. Weisst du was? Wir können zusammen einen echten Schiessbogen herstellen, wenn du mit Mami zu mir kommst. Er wird zwar nicht so schön sein, wie Winnetous Bogen, aber wir werden für dich einen ordentlichen machen", verspricht Opa.

„Hurraa! Mami, machst du mir so einen Kopfschmuck aus Federn, wie Winnetou hatte?", sieht sich Aljoschka schon als Häuptling der Apachen: mit einem Stirnband aus farbigen Gefieder und einem echten Bogen.

„Na, ich versuche mir etwas auszudenken", lächelt Mami und denkt besorgt: „Oh Gott, wo nehme ich nur die Federn her? Muss ich vielleicht einen Hahn suchen und ihn mit einem Bogen erschiessen?"

„Tochter, aber bitte, nicht aus solchen Stahlfedern. Bitte", scherzt Opa.

Warum würde Aljoschka auf dem Mond nur so viel wie ein Baby wiegen

„Mami, bin ich hoch gesprungen?", fragt Aljoschka, als sie allen weiter gehen.

„Ja. Sehr hoch. Wie ein Känguru!", lobt Mami ihren Sohn.

„Ich habe alle meine Kräfte gebraucht. Und Opa wollte, dass ich noch höher springe", beklagt sich Aljoschka. „Ich konnte aber nicht höher."

„Na, da musst du noch trainieren, um höher springen zu können, oder es auf dem Mond versuchen. Dort würdest du von der Mondoberfläche viel höher springen, als hier auf der Erde. Aber mit einem Trampolin würdest du auf dem Mond nicht höher springen können, als auf der Erde. Ohne Trampoline aber viel-viel höher."

„Auf dem Mond? Warum?", interessiert sich Aljoschka lebhaft für diese neue Idee.

„Weil du auf dem Mond weniger schwer wärst, als auf der Erde", erklärt Opa.

„Oj, wie schwer denn? Und wieso?", stellt Aljoschka sofort mehrere Fragen gleichzeitig, wie immer.

„Ich schätze, du wiegst so ungefähr, hm, achtzehn Kilogramm?", versucht Opa zu raten und seine Augen wenden sich fragend an Mami.

„25", bestätigt sie. „Alle Kinder in der Schule wurden letzte Woche gewogen."

„Gut. Auf dem Mond würdest du nur ein Sechstel deines irdischen Gewichts wiegen. Also, rund 4 Kilo. Da könntest du viel höher springen. Aber dazu würdest du den Trampolin nicht benötigen, weil du die Federn des Trampolins nur mit fünf Kilo ziehen würdest, wenn du aus der Höhe runterfällst."

„Vier Kilo?", wundert sich Aljoschka.

„Wie ein Baby!", fühlt sich Aljoschka beschämt. „Wieso denn das?"

„Weil der Mond kleiner ist, als die Erde. Deshalb ist seine Anziehungskraft auch kleiner."

„Je grösser ein Objekt ist, desto grösser ist auch seine Anziehungskraft", erklärt Opa.

„Habe ich auch eine Anziehungskraft?", fragt Aljoschka.

„Natürlich! Du bist doch ein Objekt!", lacht Opa. „Sogar du ziehst die Erde an, wenn du springst. Nur, du bist im Vergleich zur Erde wirklich ein winziges Staubkörnchen."

„Ich? Ich bin schon acht!", erinnert Aljoschka beleidigt.

„Und du Opa? Ziehst du die Erde auch an mit deiner Anziehungskraft?", fragt er sofort.

„Ja, auch ich. Aber es ist eine so schrecklich kleine Kraft, dass es nicht bemerkbar ist. Dagegen, ist die Anziehungskraft der Erde so gross, dass sie sogar den Mond auf seiner Umlaufbahn um die Erde hält und ihn nicht wegfliegen lässt, so wie die Ketten des Karussells dich nicht weg fliegen liessen."

„Also, der Mond ist kleiner als die Erde, ja?"
„Genau", bestätigt Opa.
„Zieht auch der Mond die Erde an?", fragt Aljoschka unermüdlich.
„Ja. Das kann man am besten am Meeresufer merken. Das Wasser wird vom Mond hochgezogen und wieder loslassen. Je nach dem, wo sich gerade der Mond am Himmel befindet. Man nennt das Gezeiten. Wenn du lang genug auf dem Strand stehst, wirst du irgendwann die Schuhe voll mit Wasser haben."
„Wer geht schon auf den Strand in Schuhen!", wundert sich Aljoschka und Mami lädt alle zur Limonade ein, die sie am Kiosk gekauft hat.

Wir alle kommen aus den Sternen!

„Meine Füsse schmerzen", beklagt sich Mami. „Vielleicht sollte ich nicht diese schönen Schuhe anziehen, sondern bequeme."
„Dafür siehst du umwerfend aus, Töchterchen", lächelt Opa schelmisch. „Dafür erträgst du sicher ein wenig unbequeme Schuhe, hm?"
„Na ja, trotzdem möchte ich mich doch eine Weile hinsetzen", Mami zeigt auf einen Bank am Rand des Weges.
Sie setzen sich und trinken ihre Limonaden.
„Trink langsam!", belehrt Mami Aljoschka, der gar nicht so genau zuhört. Er denkt über die Anziehungskraft nach, mit der er sogar ein bisschen die Erde anzieht!
Und über die Sonne. Dort gibt es Gas. „Gas", denkt er. „Das ist doch das Ding, das aus dem Herd kommt und das Mami anzündet, wenn sie kochen will. Und sie warnt mich immer, dass ich den Hahn nie drehen darf, sonst werden wir alle in die Luft fliegen."
Aljoschka denkt für sich. Gas, Luft, er hat im Kopf so einiges, was er noch fragen will. So vieles!
„Opa?"
„Ja?"
„Auch du könntest auf der Sonne keinen Millimeter hoch springen? Du bist doch so stark!"
„Keinen Millimeter. Und der Sieger der Olympischen Spiele im Hochspringen auch nicht. Die Anziehungskraft der Sonne ist so gross, dass sie aus jedem Menschen Tomatenpüree machen würde!", lächelt Opa bei der Vorstellung. „Dazu kommt, dass du keine harte Oberfläche unter deinen Füssen finden würdest, weil die Sonne eine riesengrosse Gaskugel ist."
„Gaskugel? So wie ein Luftballon?", wundert sich Aljoschka.
„Ja. Die Sonne ist fast ausschliesslich aus Wasserstoff und Helium zusammengesetzt. Also Gas. Keine feste Oberfläche."
„Helium? Das ist doch das Gas, das in meinem Ballon drin ist. Oder? Hat mir der Mann

in meinen Ballon ein Stück Sonne reingepumpt?", fragt Aljoschka und beobachtet seinen Ballon am Ende der Schnur. Er stellt sich vor, wie der Mann mit einem langen Schlauch das Helium aus der Sonne in seine Stahlflasche saugt und dann in Ballons pumpt, um Kindern Freude zu machen.

„Es ist nicht ganz so", überlegt Opa, wie er Aljoschka die Gasgeschichte erklären soll. „Weisst du, überall im Universum gibt es sehr viel Wasserstoff. Das ist das einfachste Element, das es gibt. Und Wasserstoff befindet sich in unvorstellbaren Mengen im All.

„Wie viele Ballons könnte man damit füllen?", fragt Aljoschka, weil er die Sache von der praktischen Seite betrachtet.

„Willst du dem Mann am Stand Konkurrenz machen und auch Ballons verkaufen?", lächelt Opa.

„Ich würde die Ballons nicht verkaufen, wenn überall so viel Helium herumliegt! Ich verschenke alle!", plant Aljoschka und stellt sich vor, wie alle aus der Klasse in einer Schlange stehen und seine Ballons wollen und alle sind so glücklich!

„Weisst du", setzt Opa nach kurzer Pause fort, „wenn riesige Ansammlungen von Wasserstoff irgendwo im Universum zusammenkommen, dann zieht die Anziehungskraft das Gas an und es entsteht eine Gaskugel. Oder mehrere. Und je grösser eine Gaskugel ist, desto mehr Wasserstoff zieht sie aus der Umgebung an. Die Gaskugel wird grösser und grösser."

„Die Kugel saugt Gas mit einem Schlauch an!", lacht Aljoschka bei der Vorstellung.

„So kann man es sich vorstellen, ja", nickt Opa. „Wenn die Kugel sehr-sehr gross ist, entsteht enormer Druck, unvorstellbarer Druck. Und wo Druck ist, entsteht Wärme. Das Gas in der Kugel wird heiss und noch heisser. Und, wenn die Temperatur in der Mitte der Kugel über zehn Millionen Grad erreicht, beginnt die Kugel, genau wie die Sonne und auch alle Sternen im Universum, das Wasserstoff in Helium umzuwandeln. Man nennt das FUSION."

„Zehn Millionen Grad?", ist Aljoschka ausser sich.

„Das ist mehr, als in der Glut des Schmieds dort?", und zeigt mit der Hand in Richtung des Standes.

„Viel-viel heisser. Wir spüren es hier auf der Erde, auch wenn die Sonne sehr weit weg ist. Spürst du das?", Opa macht die Augen zu und stellt sein Gesicht der Sonne entgegen. Aljoschka macht es nach.

„Ich spüre das. Die Wärme", bestätigt Aljoschka.

„Die Sonne und alle Sterne, die wir in der Nacht am Himmel sehen können, produzieren Helium aus Wasserstoff. Und dieser Vorgang macht die Sonne so sehr heiss und damit auch weiss. Hell. Übrigens, der Name Helium kommt von einem griechischen Wort. Helios, die Sonne."

„Aha! Griechen, das sind die Menschen, die keinen Kühlschrank hatten!", erinnert sich

Aljoschka.

„Ja. Und auch keine Strassenbahn und keine kalte Limonade!", erinnert Mami.

„Sie tranken langsam und nicht so kalt und haben deshalb keinen Husten bekommen!", Mami sieht die griechische Geschichte eben wie eine Mami.

„Und die Sonne wird immer da oben sein und uns wärmen?", fragt Aljoschka, der weiter über die Gaskugel mit dem Namen Sonne nachdenkt ohne zu merken, dass seine Limonade fast ausgetrunken ist.

„Nicht immer, aber lange genug. Sehr lange noch. Wir alle werden nicht mehr da sein", erklärt Opa.

„Und dann? Was passiert dann?", fragt Aljoschka interessiert.

„Dann wird die Sonne ausbrennen. Wasserstoff verbrauchen und sich zuerst aufblähen. Sie wird grösser und grösser und noch grösser", Opa zeigt die Ausdehnung der Sonne mit seinen Armen.

„Wie gross wird sie denn werden?", kommt die nächste Frage.

„So gross, dass sie sogar die Venus und die Erde verschluckt und alles verbrennt. Wasser verdampft und kein Leben wird mehr auf der Erde existieren. Weil dabei die Temperatur des Gases sinken würde, wird die Sonne nicht mehr weiss, sondern rot. Deshalb nennt man solche Sterne Rote Riesen."

„Oho! Ein roter Riese verschluckt die Erde", stellt sich Aljoschka einen Riesen vor, der die Erde regelrecht verschlingt.

„Wie lange dauert das so?", fragt Mami, die darüber auch nachdenkt.

„Das wird Millionen Jahren dauern, wird aber nicht ewig gehen. Aus der Sonne wird dann eine kleine Kugel, kleiner als die Erde. Und alles herum wird erfrieren, aus der Erde wird eine Eiskugel."

„So enden alle Sterne?", fragt Mami.

„Nicht alle. Weisst du, es gibt viel grössere Sterne, als unsere Sonne. Wenn sie fast alle Vorräte an Wasserstoffs in Helium umwandeln, lässt der Druck in ihrem Innere nach und der Stern kollabiert."

Opa zeigt mit seinen Fäusten, wie sich der Stern zusammenballt.

„Was ist das, Kollabiert?", fragt Aljoschka sofort.

„Alles stürzt in die Mitte. So schrecklich schnell, dass eine ungeheure Explosion entsteht. In dem Augenblick produziert der Stern weitere Elemente, schwerere, als Wasserstoff oder Helium. Der sterbende Stern explodiert und wirft diese neuen Elemente in den Weltraum. Auf dieser Weise entstehen Elemente und Stoffe, aus denen auch unsere Erde besteht, die Pflanzen und Tiere und dieser Bank und auch du und Aljoschka."

„Was? Ich? Das verstehe ich nicht!", beklagt sich Aljoschka.

„Ja, so ist es. Aus diesen explodierenden Sternen, man nennt sie Novae, entstehen alle

Stoffe, aus denen wir dann gemacht sind."

„Oj!", wundert sich Aljoschka.

„So was habe ich noch nie gehört!", meldet Mami.

„Ja, ja. Wir alle sind aus sterbenden Sternen entstanden. Und mir gefällt es", sagt Opa.

„Mir eigentlich auch", sagt Mami nach einer Weile.

Warum hat Aljoschka in seinem Ballon Helium und nicht Wasserstoff?

Aljoschka denkt eine Weile nach und beobachtet seinen Luftballon, der gar kein Luftballon ist, sondern ein Heliumballon.

„Warum ist in meinem Ballon Helium, und nicht Wasserstoff?" fragt er plötzlich.

„Das ist eine sehr gute Frage, Alex. Wasserstoff ist ein hochexplosives Gas. Es brennt, wenn du es anzündest, sehr heftig. Ein kleines Fünkchen reicht und es knallt. Bang!", zeigt Opa mit seinen grossen Händen die Explosion. „Früher, vor dem Zweiten Weltkrieg, hat ein deutscher Graf, er hiess Ferdinand Graf von Zeppelin, riesige Luftschiffe gebaut. Das waren riesengrosse Ballons, welche die Form einer dicken Zigarre hatten. Der Graf hat welche gebaut und mit Wasserstoff gefüllt, weil Wasserstoff aus Wasser gewonnen werden kann."

„Wie?", fragt Opas sein neugieriger Enkel.

„Das erkläre ich dir später. Wir können es zusammen vielleicht einmal versuchen."

„Ja! Und es wird explodieren! Buuuum!", freut sich Aljoschka schon.

„Also, der Graf hat seine riesengrossen Luftschiffe gebaut, sie sind aus Stoff genäht worden. Und er hat sie mit dem Wasserstoff gefüllt."

„Wie gross sind sie gewesen, die Schiffe?"

„Riesig! Wie, hm,..", denkt Opa nach, um einen Vergleich für Aljoschka zu finden. „Sie waren so gross, wie zehn Eisenbahnwagons hintereinander."

„Was? So gross? Warum so gross?"

„Weil sie mehrere Menschen in einer Kabine in die Luft tragen mussten. Weisst du, damals, als der Graf von Zeppelin seine Luftschiffe gebaut hat, sind die ersten kleinen Flugzeuge aus Holzlatten gebaut worden, wo ein Mann in einem Mantel und grossen Brillen sass und paar Meter geflogen ist. Es waren eher Sprünge, als ein Flug. Die Luftschiffe dagegen konnten sehr weit fliegen und viele Menschen in der Kabine transportieren."

„In der Kabine hatten die Passagiere damals sogar Tische und Sessel und tranken ihre Limonade und Wein bequemer. Als wir jetzt auf einem Bank aus der Flasche", erzählt Mami. „Damals konnte sich nur die noble Gesellschaft so ein Vergnügen leisten."

„Der Graf von Zeppelin war mit seinen Luftschiffen so erfolgreich, dass Menschen sie als ZEPPELINE genannt haben. Leider hat man die Zeppeline im ersten Weltkrieg dazu benutzt, um Bomben auf Städte zu werfen. In den Kabinen sassen nicht reiche Menschen am Tisch mit Wein und gutem Essen, sondern Soldaten mit Kisten vollen von Bomben und Granaten. Sie haben die Bomben aus so einer Klappe im Boden der Kabine runtergeworfen."

„Menschen sind komisch. Statt den wunderschönen Anblick auf die Städte unten zu geniessen, zerstören sie sie", sagt Mami traurig.

„Nun, die Schiffe selbst sind sehr oft explodiert. Weil sie zum Beispiel von einem Blitz getroffen worden. Aber Zeppeline flogen sogar bis nach New York über den ganzen Ozean. Was mit einem Flugzeug damals noch nicht möglich war. Erst im Jahr 1927 hat Charles Lindbergh den Atlantik von New York nach Paris überquert."

„New York ist in Amerika", zeigt Aljoschka seine geografischen Kenntnisse.

„Richtig", ist Opa zufrieden.

„Eines Tages hat so eine Luftfahrt mit einem Zeppelin von Deutschland nach New York böse geendet. Bei der Landung in Amerika wurde eben der Zeppelin von einem Blitz getroffen und fing sofort zu brennen an."

Und die Menschen in der Kabine?", fragt Aljoschka. Vor seinen Augen brennt ein riesengrosses Luftschiff in New York.

„Viele haben die Landung nicht überlebt. Und seitdem wurden solche Luftschiffe und Ballons, mit Wasserstoff gefüllt, nicht mehr gebaut."

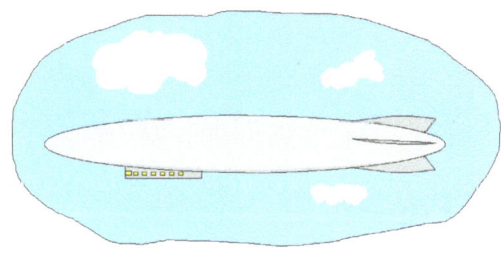

„Das Luftschiff ist auch vom Wind getragen worden? Wie mein mit dem Zettel, denn wir vormittags aus dem Fenster gelassen haben?", fragt Aljoschka weiter.

„Nein. Sie haben grosse Motoren mit Propellern gehabt. Die haben das Schiff angetrieben", erklärt Opa.

„In Aljoschkas Ballon ist also Helium drin, statt Wasserstoff. Weil Helium auch so leicht ist, wie Wasserstoff, aber nicht explodiert, ja?", fragt Mami mit Interesse.

„Ja, genau. Helium ist ein sogenanntes Edelgas. Solche Gase reagieren mit nichts. Sie sind nicht explosiv, brennen nicht, riechen nach nichts und sind nicht giftig", erzählt Opa.

„Opa, woher kommt das Helium, das in meinem Ballon ist? Aus der Sonne?", fragt Aljoschka und beobachtet seinen blauen Ballon, der auf dem Ende des Fadens schwebt.

„Die Sonne ist ein wenig zu weit. Wenn der Verkäufer der Ballons das schnellste Raumschiff, das wir bauen können, dorthin schickt, um das Helium für deinen Ballon zu bringen, würde es ungefähr, lass mich rechnen."

Opa macht seine Augen zu, als wenn er vor seinen Augen eine Tafel hätte, so eine, die in der Schulklasse vorne hängt. Nach einer Weile verrät er das Resultat.

„Es würde ungefähr sechs Monate, dorthin dauern. Hin und zurück also ein Jahr. Wenn das Raumschiff zurück wäre, würdest du den neunten Geburtstag feiern", schmunzelt Opa über Ideen seines Enkels.

„Und der Mann, der uns den Ballon verkauft hat, woher hat er das Helium in der Flasche?", fragt Aljoschka.

„Für Ballons und andere Anwendungen wird das Helium aus Erdgas gewonnen. Erdgas wird, wie der Name verrät, aus der Erde mit riesigen Rohren gefördert. In einem Gaswerk wird es gereinigt und auch Helium daraus hergestellt. Mit dem gewonnenen Helium füllt man solche Stahlflaschen, die dann der Ballonmann bekommt. Der Rest wird dann bis zu Mamis Kochherd durch eine Gasleitung geführt."

„Ich denke", sagt Mami entschieden, „wir gehen nach Hause und sehen nach, ob Mami noch ein wenig Erdgas in der Leitung hat."

„Wenn ja, kocht sie uns Tee zu den Pfannkuchen, die noch geblieben sind, weil ich Hunger habe, wie ein Bernhardiner!", beklagt sich Opa.

„Bernhardiner? Was ist denn das wieder? Wieder ein Bär? **Bär**hardiner?", fragt Aljoschka, weil er noch nie so was gehört hat.

„Es ist ein grosser Hund. Und jetzt schweige ein bisschen. Gut? Sonst verlangst du noch einen Vortrag über Hunderassen oder, bewahre uns Gott, einen Bernhardiner", sagt Mami und nimmt Aljoschkas Hand in ihre.

Sie schweigen ein bisschen.

Mami bekommt eine Rose aus Papier

Nicht weit von dem Stand, an dem sich unsere Familie mit Limonade erfrischt hat, steht eine Schiessbude. Jungs und Erwachsene stehen auf einem Tritt aus Holz und zielen mit alten Luftgewehren auf verschiedene Gegenstände, Gummiballons und Rosen aus Papier. Bewegliche Ziele, wie Schäfchen oder Enten, drehen sich auf einer Scheibe und Männer versuchen sie zu treffen und so verschiedene Preise zu gewinnen, meist ein billiges Spielzeug, das in einem Spielwarenladen billiger zu haben wäre. Aber es geht doch nicht darum die Gegenstände zu gewinnen, sondern um zu treffen und Spass zu haben. Ein Mann, offensichtlich südlicher Typ, versorgt die schiesswilligen Kunden mit kleinen Geschossen aus Blei. Für drei Stücke kassiert er kleines Geld und, wenn jemand einen Speil trifft, gibt der Mann dem Scharfschützen seinen Preis. Er tut es ohne ein Wort zu sagen, man sieht, er ist gelangweilt, kaut einen Kaugummi und nimmt gelegentlich einen Schluck aus einer Bierflasche.

„Da sind wir wieder bei der Luft!", freut sich Opa, als alle zu der Schiessbude gelangt sind.

„Bei der Luft? Wieso denn?", fragt Aljoschka und schaut die Jungs mit den Gewehren an, wie sie auf die Gegenstände zielen, ein Auge zu. Sie halten das Luftgewehr mit beiden Händen, Kopf geneigt, mit der Wange fast den Kolben aus Holz berührend.

„Ja, da schiesst man mit der Luft."

„Mit Luft kann man doch nicht schiessen!", weiss Aljoschka.

„Na, gut, mit Pressluft", korrigiert Opa seine Aussage.

„Mit Pressluft? Woher kommt die Pressluft? Aus einer Flasche, wie das Helium?", fragt Aljoschka und sucht eine Flasche an dem Stand, die ähnlich aussehen würde, wie die am Luftballon-Stand.

„Die Pressluft kommt nicht aus einer Flasche. Die Männer pressen die Luft mit dem Hebel dort. Siehst du?", zeigt Opa auf einen jungen Mann, der gerade mit einem Hebel sein Luftgewehr geladen hat. „Die Luft wird so unter Druck gesetzt und in einer Stahlkammer eingesperrt. Dann, wenn der Schütze den Auslöser betätigt, wird die Luft aus der Kammer losgelassen. Sie dehnt sich sehr schnell aus und so bläst sie die kleine Kugel aus dem Lauf los."

„Darf ich das probieren, Opa?", fragt Aljoschka ohne die schiessenden Männer aus den Augen zu lassen.

Opa schaut fragend zu Mami. Sie zögert ein wenig. Dann stimmt sie zu mit leichter Kopfbewegung. Aljoschka merkt diesen stillen Dialog nicht. Er schaut fasziniert zu, wie die Männer das Gewehr mit den kleinen Bleigeschossen laden. Sie ziehen einen langen Hebel, dann zielen sie lange, mit einem Finger auf dem Auslöser und – suuuuwitsch - ist die ausweichende Luft zu hören und – klatsch - trifft die Kugel die Blechwand an der anderen Seite der Bude. Einige helfen sich so, dass sie ihren Ellbogen auf das Brett der Bude stützen, andere schiessen ohne sich abstützen, wie Old Shatterhand oder Winnetou im Film „Der Schatz im dem Silbersee", den Aljoschka mehrere Male gesehen hat.

„Wieso knallen die Flinten nicht so laut, wie wenn Winnetou schiesst?", lautet seine Frage an Opa.

„Weil das hier Luftgewehre sind. Sie benutzen Druckluft. Siehst du, was man alles mit Luft machen kann. Und das Gewehr deines Indianerfreundes schiesst nicht mit Luft, sondern mit Schiesspulver."

„Ich möchte es ausprobieren, bitte, bitte!"

„Na gut", stimmt Opa zu. Mami hat doch zugestimmt. Sie treten auf den Podest. Kauender Mann gibt Opa ein Luftgewehr und legt drei kleine Geschosse in eine Blechschalle auf dem Pult. Opa zahlt mit Kleingeld und biegt das Gewehr.

„Siehst du? Das hier ist der Kolben und dieses Metallrohr nennt man Lauf."

„Das weiss ich doch! Hab doch Winnetou schon gesehen. Und Old Shatterhand hat

einen Winchester!", zieht Aljoschka alle Spezialkenntnisse raus, dass Opa doch nicht denkt, dass er, ein Indianerhäuptling, nicht weiss, was Kolben und was Lauf ist!
„Oh, pardon!", entschuldigt sich Opa sofort.
Er nimmt ein Bleigeschoss aus der Schale und schiebt es in die Öffnung im Lauf rein. Dann schliesst er das Gewehr zu und zieht den Hebel.
„Siehst du? Mit diesem Hebel habe ich die Luft in einer Kammer zusammengepresst. Dort ist jetzt der hohe Luftdruck."
Opa nimmt das Luftgewehr in die Hände, ohne seinen Ellbogen zu stützen, er steht da wie ein Held aus Winnetou Filmen, sein langes weissen Haar hinten gebunden, ein Auge zugekniffen. Er zielt und sein Zeigefinger streichelt den Abzug. Aljoschka schaut Opa mit Faszination und Bewunderung zu, er sieht Opa als Helden, der für die Rechte der Indianer kämpft und alle Bösewichten erbarmungslos bestraft. Opa steht nicht am Podest einer Schiessbude mit einem harmlosen Luftgewehr, er steht auf einem Felsen hoch über dem Silbersee und kämpft für Recht und Ordnung. Sein Held hält den Atem an und sein Zeigefinger betätigt den Abzug, das Luftgewehr gibt ein sausendes Geräusch von sich. Eine grosse blaue Rose neigt sich zur Seite, ihren Stiel aus Holz von Opas Schuss geknickt. Aljoschka applaudiert und kauender Mann händigt Opa die riesige blaue Rose aus Krepppapier aus.
„Jetzt ich! Bitte!", will Aljoschka auch probieren.
Opa legt die Papierrose auf das Pult, biegt das Gewehr wieder und legt das zweite Geschoss in die Öffnung. Dann zieht er es wieder an. Aljoschka ist ein wenig zu klein, aber er kann das Gewehr doch in die Hände nehmen. Opa hilft ihm, richtet seine Arme.
„Du musst den Kolben da halten. Ja, so ist es gut. Deinen Ellbogen da stützen. Fest. Das Ende in deine Schulter. Fester. Was? Klein? Wer rühmt sich heute den ganzen Tag, dass er gross und schon acht ist? So ist gut, ja. Fest. Nein! Noch nicht den Auslöser berühren! Zuerst zielen. Siehst du den Schlitz im Metall hier?"
„Ja"
„Das ist das Visier. Ganz vorne das Ding am Laufende, das ist die Kimme. Was willst du treffen?"
„Die grosse Rote dort."
„Aha. Gut. Also, du musst ins Visier schauen. Genau in der Mitte musst du die Kimme sehen und genau dahinten den Stiel der roten Rose sehen. Alles in einer Reihe."
Aljoschkas Gewehr wandert mit grossen Bögen hin und her.
„Den Herr nicht erschiessen! Und auch kein Loch in der Decke machen. Sonst werden alle Papierrosen beim Regen nass", rät Opa gutmütig.
Aljoschka versucht das Luftgewehr ruhig zu halten, aber es ist schwer, der Speil tanzt und läuft vor der Kimme. Aljoschka zieht den Auslöser. Ein Geräusch verrät, dass das Geschoss mit Sicherheit die Blechwand getroffen hat.

Aljoschka ist aufgeregt. „Getroffen?"

„Die Bude, ja. Die Rose nicht."

„Schade!". Wir haben noch eine Patrone. Darf ich nochmal?"

„Das ist keine Patrone. Aber gut."

Opa lädt das Luftgewehr mit dem letzten Geschoss und legt es in Aljoschkas Hände. Er hilft ihm das Gewehr richtig zu halten, erteilt Rat. Aljoschka schiesst aber vorzeitig und trifft nichts.

„Vielleicht solltest du doch lieber mit dem Bogen schiessen", tröstet Opa seinen Enkel. Er sieht die grosse Enttäuschung in Aljoschkas Gesicht. Trauer und Unzufriedenheit.

Der Mann nimmt das Luftgewehr zurück und bringt Aljoschka einen kleinen Trostpreis. Es ist ein kleiner Ball, der an einem Gummi befestigt ist. Obwohl Aljoschka keine Ahnung hat, was das genau ist, hat er doch Freude.

„Du hast fast getroffen. Ich habe es gesehen", sagt der Zigeuner, lächelt plötzlich und Aljoschka merkt ein paar fehlende Zähne in seinem Mund.

„Danke!", sagt Aljoschka überrascht und getröstet.

Opa nimmt die grosse blaue Rose, Aljoschka seinen Preis.

„Gib die Blume deiner Mami."

„Aber Opa, ich habe sie nicht getroffen. Du hast sie gewonnen. Du musst die Blume Mami geben", denkt Aljoschka fair.

„Weisst du, mein Junge, ich möchte, dass DU die Rose Mami gibst."

„Mami! Mami! Ich habe auch geschossen und fast getroffen! Diese Blume ist für dich. Opa hat sie mit einem Schuss getroffen! Ohne sich auf das Pult zu lehnen! Wie Old Shaterhand! BANG! Und sofort getroffen!"

Aljoschka übergibt die Rose Mami. Sie riecht an der Rose, auch, wenn sie weiss, Rosen aus Krepppapier duften nicht. Aber ist das so wichtig? Sie lächelt und sagt nichts.

Riesige Libelle ist in der Luft!

Unsere Familie geht langsam nach Hause und wir sehen, alle sind ein bisschen müde. Na gut, nicht alle, Aljoschka würde sicher gerne noch viele Attraktionen besuchen, so wie ihr, liebe Kinder. Aber Opa freut sich auf eine Tasse Tee und Mami spürt auch ihre Füsse in den schönen, aber nicht ganz bequemen Schuhen. Sie schweigen und gehen, Mami, und Aljoschka gefolgt von ihren Ballons an Schnürchen. Aljoschka hat seine neue Jockey-Mütze auf dem Kopf und den Ball in der Hosentasche. Opa hat plötzlich eine Idee und hält an.

„Kann ich mir kurz dein Bällchen ausleihen, das du in der Tasche hast?" wendet er sich zu seinem Enkel. Aljoschka ahnt, es kommt was Spannendes, das sieht er schon im Opas Gesicht. Er zieht das Bällchen raus und gibt es Opa. Der greift das Ende des dünnen Gummibandes und beginnt den Arm über seinem Kopf so zu drehen, als wenn er einen grossen Kreis in der Luft malen oder ein Lasso werfen will. Der Ball am Ende des Gummibandes kreist um Opas Kopf und Aljoschka und Mami hören plötzlich einen brummenden Ton, es hört sich so an, als wenn eine riesige Libelle in der Luft schwebt. Je schneller Opa den Ball am Gummiband kreisen lässt, desto mehr entfernt sich der Ball, das Gummiband dehnt sich aus, der Ton wird höher und intensiver. Opa dreht mit voller Kraft und Aljoschka kann den Ball kaum noch sehen, es ist ein Kreis, den Opa in der Luft malt. Mami verstopft ihre Ohren mit den Zeigefingern, so intensiv und unangenehm der Ton ist.

„Aufhören, bitte!" ruft sie mit lauter Stimme.

Opa dreht den Ball um sich langsamer und langsamer. Der Band zieht das Bällchen an und der Ton wird tiefer und leiser, bis alles still steht. Der Ball hängt am Ende des Gummibandes und Opa atmet von der Anstrengung, als wenn er 100 Meter Sprint hinter sich hätte. Dann gibt er das Bällchen Aljoschka zurück. Der macht dasselbe, wie Opa vor ihm. Nur hat Aljoschka nicht so viel Kraft und so fliegt der Ball nicht so schnell und der Ton ist nicht so stark, aber doch ziemlich laut.

„Bitte, aufhören jetzt", sagt Mami nachdrücklich.

Aljoschka hört auf.

„Was war denn das!", fragt er ausser sich. So was hat er noch nie erlebt.

„Es war fürchterlich!", versucht Mami zu erklären.

Opa wartet ein wenig, bis sein Atem ihm eine Erklärung erlaubt.

„Ein wunderbares Ding", lobt Opa das einfache Spielzeug. „Es erklärt die Fliehkraft, Anziehungskraft, die Existenz der Luft, Schwingung, Gehör, Schall und auch, warum der Mond nicht auf die Erde runterfällt!"

„Oj! Dass alles zeigt dieses komisches Ding?", fragt Aljoschka verwundert.

„Ja. Aber darüber erzähle ich erst zuhause beim Tee. Gut?"

„Gut!", stimmt Mami erleichtert zu.

„Na gut", stimmt der Enkel unzufrieden zu.

Wasser ist gut und nützlich!

Nach Hause ist es nicht weit und unsere Freunde gehen schweigend. Die Sonne nimmt eine rote Farbe an und neigt sich zum Horizont. Aljoschka denkt an seinen Ballon, der irgendwo dort oben seinen Brief trägt. Wo kann er sein? Oder ist er schon geplatzt in grosser Höhe und runtergefallen? Hat ihn jemand gefunden? Oder ist es noch zu früh? Sie haben den Ballon erst vor paar Stunden auf die Reise geschickt. Und was für ein Geräusch hat das fliegende Bällchen gemacht? Und warum? Aljoschkas Kopf ist voll von Gedanken und Erlebnissen und er kann es kaum aushalten, bist sie zuhause sind.

„Na, meine Herren, was macht man, wenn man nach Hause kommt?", fragt Mami, nachdem sie in der Wohnung angekommen sind und die Schuhe an der Tür ausgezogen haben. Barik ist ausser sich vor Freude, die er mit lautem Bellen äussert. Aljoschka nimmt seine Hausschuhe, Mami schlüpft mit Erleichterung in ihre Pantoffeln, aber vorher massiert sie ihre schmerzenden Füsse.

„Na, hm...", denkt Opa nach.

„Hmmm", überlegt Aljoschka.

„Dachte ich mir, dass beide Wissenschaftler wissen, wozu Helium und Wasserstoff gut sind und was man damit alles machen kann. Aber wozu Wasser und ein Stück Seife gut sind, davon haben die beiden keine Ahnung!", stellt Mami fest.

„Doch! Mit Wasser kann man Turbinen antreiben und Elektrizität erzeugen", erinnert Opa an technische Anwendung des Wassers.

„Und man kann Wasser trinken! Limonade ist aber besser", sieht Aljoschka die Sache aus der Perspektive der Nahrung.

„Wenn man Wasser erhitzt, entsteht Dampf, der einen Dampfer antreibt. Oder eine Lokomotive", listet Opa weitere praktischen Anwendungen der Flüssigkeit auf.

„Suppe oder Tee kochen", erinnert Aljoschka.

„Feuer löschen!"

„Blume giessen!"

„Wasser und Seife! Ha, damit kann man wunderschöne Seifenblasen produzieren! Aber wir müssen so ein Röhrchen haben..."

„Stooooop", unterbricht Mami den Wettkampf der beiden, die sich in der Auflistung der Wassernutzungen zu besiegen versuchen.

„Ihr beide geht sofort ins Bad und macht mit Wasser was?"

„Hände waschen", sagen beide Herren gleichzeitig.

„Genau. Mit Wasser und?", setzt Mami fort.

„Seife", erwidern ihre Schützlinge unisono.

Mami lächelt. „Auch ich weiss, wozu Wasser gut ist!"

Während Opa und Aljoschka im Bad verschwunden sind, murmelt Mami für sich:

„Geschirr spülen, Fussboden wischen, Wäsche waschen, Fenster putzen..."

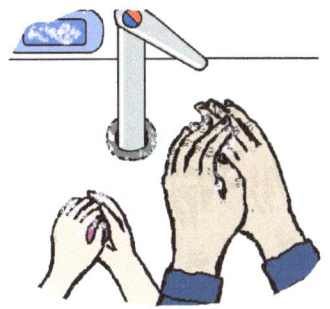
Sie giesst Wasser aus dem Wasserhahn in eine Kanne, um schwarzen Tee vorzubereiten. „Gott sei Dank, muss ich nicht mit einer Klepsydra in den Keller laufen."

Steine in der Schatulle

Nachdem Opa und Aljoschka ihre Hände gründlich gewaschen haben, zeigt Aljoschka seine Hände Mami, die das Resultat sorgfältig inspiziert. Und schon erscheinen auch Opas wunderschöne Hände in ihrer Sicht. Alle lachen und die Herren sitzen schon gemütlich am Tisch und warten auf Tee. Sicher bekommen sie dazu etwas Leckeres, denn das ist eine Tradition in Mamis Küche, wenn Opa oder ein Besuch kommt. Der Nachmittagstee am Sonntag ist eine fast heilige Zeit, Aljoschka erinnert sich nicht, dass ihn Mami irgendwann ausgelassen hätte. Sogar im Urlaub bei Opa in seinem Haus hat Mami diese Tradition streng gehalten. Es ist die Zeit, die Aljoschkas Papa liebt, wenn er zuhause ist. Papa befindet sich auf einer Expedition irgendwo im Norden. Er ist Geologe und bringt Aljoschka immer einen wunderschönen Stein von der Reise mit. Aljoschka hat schon gelernt, wie jeder Stein heisst, und es ist sein Schatz, den er in einer Holzschatulle aufbewahrt. Papa erzählt zu jedem Stein eine Geschichte. Wo er den Stein gefunden hat, wie er entstanden ist, was er über die Erde erzählt. In der Schatulle hat Aljoschka schon einen Amethyst, der ist violett, und einen Bernstein, in dem eine winzige Mücke eingeschlossen ist, Aljoschka betrachtet sie im Sonnenlicht. Papa sagte, die Mücke hat vor Millionen Jahren gelebt und der Bernstein ist ein versteinertes Harz aus einem Nadelbaum. Die Mücke wurde vor dieser langen-langen Zeit darin gefangen. Aljoschka liebt sehr seinen Achat. Er ist wunderschön farbig und glatt, mit Wellen wie Regenbogen. In der Schatulle ist aber auch ein Aquamarin, ein Rosenquarz aus dem Ural und ein Zirkon, der so hart ist, dass man damit Glas schneiden kann, wovon ihm aber Papa abgeraten hat. Aljoschkas Lieblingsstein ist der Opal mit funkenden Farben. Ihn nimmt er am liebsten in die Hand. Es ist ein knolliges Stück, die Farben wechseln sich im Sonnenlicht. Dann verpackt Aljoschka den Opal in einem Seidenpapier und legt ihn in die Schatulle zurück.

 Aquamarin

 Achat

 Amethyst

 Rosenquarz

 Bernstein

 Zirkon

 Opal

Fotos sind der freien Enzyklopädie Wikipedia entnommen.

In Mamis Schlafzimmer hängt ein grosses Bild über dem Doppelbett. Darauf ist Mami im Hochzeitskleid. Neben Mami steht ein Herr im dunklen Anzug, und ihre Hand im weissen Handschuh aus Seide berührt die Schulter des Mannes. In der anderen Hand hält Mami einen Strauss weisser Blumen. Die beiden schauen sich an. Mami ist sehr-sehr schön. Einer von Papas Armen hängt runter. Mit dem anderen umarmt er Mamis Taille.

Warum der Mond nicht auf die Erde runterfällt

Und schon stellt Mami eine grosse Teekanne aus Porzellan auf den Tisch, die mit kleinen Rosen bemalt ist, 3 Teetassen mit dem gleichen Motiv, und auch eine Zuckerdose ist so verziert. Dazu ein Teller mit Zwetschgenkuchen, Opas Lieblingskuchen, mit Streusel drauf. Aljoschka kann natürlich jeden Kuchen verspeisen - Apfelkuchen, Heidelbeerkuchen, Kirschkuchen - und alle, die Mami so wunderbar backen kann.

Mami setzt sich auch an den Tisch zu ihren Schützlingen und giesst jedem goldbraunen Tee in seine Teetasse.

„Opa, du hast versprochen zu sagen, was alles dieses Ding erklärt", zieht Aljoschka das Bällchen aus der Hosentasche.

„Ich sehe, du hast es nicht vergessen!", freut sich Opa.

„Aber was es alles erklärt, das habe ich vergessen", bekennt Aljoschka.

„Es erklärt die Fliehkraft, die Anziehungskraft, die Existenz der Luft, Schwingungen, Gehör und auch, warum der Mond nicht auf die Erde runter fällt!", erinnert Opa und untersucht das Bällchen in seinen Händen.

„Ich bitte im Interesse unseres Porzellans das Experiment nicht in der Küche zu wiederholen", stellt Mami ihre Bedingungen.

„Das ist im Moment nicht nötig", versucht Opa seine Tochter zu beruhigen.

„Im Moment? IM MOMENT?????", bringt Mami ihre klare Position zum Ausdruck, keine Experimente mit fliegenden Bällchen, Monden, Untertassen, die als UFOs bekannt sind, Gasflaschen und allgemein überhaupt allen fliegenden Objekten zu erlauben.

„Ich verspreche feierlich, dass ich bei der Erklärungen deine Küche verschone!", schwört Opa.

Aljoschka würde gerne das Bällchen noch mal fliegen sehen, aber ein UFO in der Küche wäre auch nicht ganz uninteressant.

„Fangen wir also mit der Fliehkraft an", beginnt Opa den Vortrag, nachdem er seinen Tee mit zwei Zuckerwürfeln gesüsst hat. Er nimmt sie mit der filigranen Zangen aus der Zuckerdose und rührt mit einem Teelöffel, sehr langsam und lange, weil er über die beste Formulierung nachdenkt.

Was ist Fliehkraft

„Wir werden in der Küche nichts herumwerfen, weil ich feierlich geschworen habe, das nicht zu tun. Aber wir können uns einiges vorstellen, zum Beispiel, dass wir das Bällchen aus dem Fenster werfen würden. Was würde passieren?", fragt Opa, ohne jemanden direkt anzusprechen.

„Hängt davon ab, ob das Fenster offen oder geschlossen wäre", antwortet Mami sofort. Aljoschka lacht über die Variante – Fenster geschlossen – die ihm zuerst gar nicht in den Sinn gekommen ist.

„Keine Angst, wir werden dieses Mal nicht die Glasfestigkeit überprüfen!" beruhigt Opa.

„Da bin ich froh", ist Mami erleichtert.

„Das Bällchen würde jemandem unten auf der Strasse auf den Kopf fallen", teil Aljoschka seine Prognose allen Anwesenden mit.

Opa lächelt. „Lass mich endlich die Fliehkraft erklären!"

In der Küche ist sofort Stille, Mami legt ihren Zeigefinger auf die Lippen und Aljoschka macht es nach.

„Pssssssst!"

„Also. Wenn wir das Bällchen durch das OFFENE Fenster werfen, fällt er runter, wie Alex richtig sagt. Weil die Erde das Bällchen anzieht. Wenn es nicht so wäre, würde das Bällchen fliegen und fliegen, Immer für alle Ewigkeit weiter. Weil, nach einem physikalischen Gesetzt, das man Trägheit nennt, sich alle Körper in der Richtung bewegen, in die man sie wirft oder anders in Bewegung setzt. Die Objekte bewegen sich ewig, so lange keine andere Kraft die Bewegung stört oder die Richtung der Bewegung verändert."

„Welche Kraft?", fragt Aljoschka und stellt sich vor, wie sein Bällchen bis zu seiner Schule fliegt und dann weiter und weiter...

„Die Kraft von Luftwiderstand, die Anziehung der Erde oder anderen Planeten, ein Hurrikan, dein Fuss, Tennisschläger und so weiter."

„Oder ein geschlossenes Fenster!", kann Aljoschka nicht schweigen.

„Genau. Ja. So würde der Ball weiterfliegen, wenn ihn die Luft oder die Anziehungskraft der Erde nicht bremst. Nun, wenn dieses Bällchen am Gummiband befestigt ist, kann es nicht wegfliegen, weil der Gummi es was?"

„Weil der Gummi es zurückzieht", antwortet Mami.

„Ja. Richtig. Ich habe draussen auf der Wiese den Ball beschleunigt und er würde wegfliegen, fliehen, könnte man auch sagen, wenn ihn der Gummi nicht anziehen würde. Diese Fliehkraft wird eben durch die Trägheitskraft verursacht. Je schneller ich den Ball bewegte, desto grösser die Fliehkraft war, und er kreiste in immer grösserer Entfernung von meinem Kopf". Opa zeigt die kreisende Bewegung mit seiner Hand.

„Und wenn das Gummiband zerreisst, würde das Bällchen wegfliegen", begreift Aljoschka die Materie.

„So ist es", bestätigt Opa. „So ist es auch mit der Erde und allen Planeten, die um die Sonne kreisen. Und mit dem Mond, der um die Erde kreist. Weil der Mond sich schnell bewegt, fällt er nicht auf die Erde runter. Und, weil die Erde den Mond mit ihrer Anziehungskraft wie mit einem Gummi anzieht, fliegt der Mond nicht weg."

Was ist Anziehungskraft

„Die Erde wird von der Sonne angezogen, wie das Bällchen mit dem Gummiband", denkt Aljoschka nach. Aber er versteht es doch nicht ganz.

„Die Fliehkraft und die Anziehungskraft sind im Gleichgewicht. Die Erde kreist schnell um die Sonne, so wie das Bällchen um meinen Kopf kreiste. Die Fliehkraft lässt die Erde nicht auf die Sonne stürzen und die Anziehungskraft der Sonne erlaubt der Erde nicht, dass sie wegfliegt und in der unendlichen Weite des Universums verschwindet, so wie auch der Gummi das Bällchen hindert wegzufliegen."

„Aber warum ist es so? Warum ziehen sich alle Dinge an? Dort ist doch kein Gummi gespannt!", fragt Aljoschka weiter. „Und, du hast ja den Ball mit deinen Bewegungen dazu gebracht, dass er herumgeflogen ist. Wie ist es aber mit der Erde und anderen Planeten? Dort steht ja niemand, der die Planeten dreht", fragt Aljoschka und Mami sieht, ihr achtjähriger Sohn benutzt seinen Kopf nicht nur, um Streiche zu produzieren, sondern auch zum Denken. Und sie muss für sich zugeben, sie weiss es auch nicht, wie das kommt, dass die Planeten um die Sonne kreisen.

„Das ist eine sehr gute Frage. Zuerst, wie kommt das, dass die Planeten um die Sonne kreisen und der Mond um die Erde. Dann die Anziehungskraft". Opa denkt eine Weile nach.

„Dazu möchte ich aber Mami noch fragen, ob ich nach dem wunderbaren Tee und dem Kuchen doch noch eine letzte Pfeife anzünden darf."

Opas Blick gibt ihr keine Möglichkeit abzulehnen.

„Na gut", sagt sie mit gespielter Unzufriedenheit.

„Ich werde dann die ganze Küche kräftig lüften und vielleicht neu streichen", seufzt sie.

Opa lächelt und füllt seine Pfeife. „Ich muss ja deinem Sohn eine äusserst schwere Lektion in Kosmologie erteilen, dazu muss ich mich konzentrieren!"

„Ja! Opa muss sich **konservieren**, sonst kann er mir die **Konsomologie** nicht gut erklären!", stellt sich Aljoschka klar auf Opas Seite.

„Gut gut! Mich interessiert es ja auch", gibt Mami zu und toleriert blaue Wolken, die aus Opas Pfeife zur heiligen Decke der Küche steigen.

Warum dauert ein Jahr ein Jahr?

„Also", beginnt Opa mit seinem oft benutzten Wort. „Vor sehr-sehr vielen Jahren, na, es waren eigentlich keine Jahren, wenn ich so nachdenke. In der Zeit existierte nur die gerade geborene Sonne und um sie drehte sich eine riesige Wolke von Staub und Gas. Welchem?", fragt Opa.
„Helium!", erinnert sich Aljoschka sofort.
„Du erinnerst dich sehr gut, mein Junge!", ist Opa zufrieden. „Diese ganze Wolke drehte sich um die Sonne. Und dann ballten sich die Staubpartikeln zu Planeten und aus den Gaswolken sind die grosse Gasplaneten entstanden. Darüber aber später. Nun, genau deshalb kreisen alle Planeten um die Sonne in gleicher Richtung, keiner in umgekehrte herum. Auch Steine, Meteoren, Monde - alles kreist in gleicher Richtung, so wie sich die ursprüngliche Wolke um die Sonne drehte. Erst, wenn sich die Erde angefangen hat, um die Sonne zu drehen, können wir über Jahre reden. Weisst du, was ein Jahr ist?" richtet plötzlich Opa seine Frage an seinen Enkel.
„Na, ein Jahr ist... das ist, wenn Frühling, Sommer, Herbst und Winter vorbei sind. Dann kommt ein neues Jahr!", definiert Aljoschka das Jahr.
„Na, das ist auch richtig. Aber zuerst haben die Menschen ein Jahr als JAHR definiert. Es ist die Zeit, die unsere Erde braucht, um die Sonne ein Mal zu umkreisen. Diesen Umlauf nennen wir eben EIN JAHR. Siehst du die schöne Teekanne?"
„Ja."
„Gut. Stellen wir uns vor, es ist unsere Sonne. Und meine Tasse ist die Erde."
Opa stellt die Teekannen-Sonne näher zu sich.
„Hier, wo meine Tasse jetzt steht - das ist nämlich die Erde, - diese Stelle definieren wir als den 1. Januar null Uhr null Minuten, null Sekunden. Ich betone, das haben sich die Menschen ausgedacht. Definiert."
„Ja, um Feuerwerk zum Himmel zu schiessen!", definiert Aljoschka sein Neues Jahr.
„Gut. Ich markiere diese Position mit einem Zuckerwürfel."
Opa legt ein Stück Zucker neben seiner Tasse. „Jetzt läuft meine Tassen-Erde um die Kannen-Sonne."
Opa bewegt seine Tasse um die Teekanne. Nach der Hälfte stoppt er.
„Welchen Monat haben wir jetzt?", fragt er.
Aljoschka schweigt.
„ Ende Juni", sagt Mami, die sehr genau zuhört.
„Absolut richtig!", lobt Opa seine Tochter begeistert.
„Jetzt kreist unsere Erde um die Sonne weiter." Opa bewegt seine Tasse um die Kanne,

bis er die andere Seite des Zuckerwürfels erreicht.

„Jetzt haben wir Silvester. Den letzten Tag des Jahres. 31. Dezember, 23 Uhr 59 Minuten, 59 Sekunden. Ein Jahr ist vorbei. Die Erde befindet sich wieder am Anfangspunkt."

Die Menschen haben die Umlaufzeit der Erde um die Sonne als EIN JAHR definiert. Die Erde aber dreht sich auch um sich selbst. Das dauert einen Tag. Ein Jahr hat 365 Tage. Genauer, 365 und 1/4. Deshalb wird alle 4 Jahre ein Schaltjahr, also ein Tag mehr in einem Jahr. Einen Tag haben die Menschen auf 24 Stunden geteilt. Die Stunden dann auf 60 Minuten, eine Minute auf 60 Sekunden.

„Andere Planeten kreisen auch ein Jahr um die Sonne?", fragt Aljoschka und stellt es sich vor.

„Je nachdem, wie weit die Planeten von der Sonne entfernt sind, brauchen sie weniger, als ein Jahr, oder mehrere Jahre. Natürlich die unseren, irdischen. Welche Planeten, ausser der Erde, kennst du noch?"

Aljoschka denkt nach: „Mars!"

„Gut. Mars ist weiter als die Erde von der Sonne entfernt. Noch welche?"

„Hm, Venus?", erinnert sich Aljoschka.

„Jupiter!", ergänzt Mami.

„Ja. Das ist ein Gasriese. Sehr-sehr gross, aus Gas."

„Oj, ist dort Erdgas?", erinnert sich Aljoschka sofort.

„Nein, andere Gase. Erdgas ist nur in der Erde. So, weitere Planeten bitte."

Aljoschka weiss nicht mehr.

„Also?", Opas Lieblingswort kommt auffordernd. „Ich liste sie hier:

Merkur, Venus, Erde, Mars, Jupiter, Saturn, Uranus, Neptun und Pluto.

Merkur. Venus, Erde und Mars sind feste Planeten, aus ähnlichem Material, wie die Erde. Auch Pluto ist eher ein Felsen. Aber Jupiter, Saturn, Uranus und Neptun, das sind riesige Planeten, die aus Gas bestehen. Und, wie gesagt, je weiter sie von der Sonne entfernt sind, desto länger brauchen sie, um die Sonne zu umkreisen. Zum Beispiel: Bis der Uranus die Sonne ein Mal umkreist, bist du älter, als ich jetzt, und sicher wirst du auch so graue Haare haben", beendet Opa seinen Vortrag.

„Ich werde auch eine Pfeife rauchen dann", plant Aljoschka seine Zukunft.

Luftballons

Planet	Umlaufzeit um die Sonne	Konsistenz	Bild
Merkur	**87** irdische Tage	Gestein	
Venus	**225** irdische Tage	Gestein	
Erde	365 Tage (Genauer 365 1/4. Deshalb gibt es alle 4 Jahre ein Schaltjahr)	Gestein	
Mars	Nicht ganz **2** irdische Jahre	Gestein	
Jupiter	Ungefähr **12** irdische Jahre	Gas	
Saturn	Fast **30** Jahre	Gas	
Uranus	**84** irdische Jahre	Gas	
Neptun	**165** irdische Jahre	Gas	
Pluto	246 irdische Jahre (Seit 2006 ist Pluto als Zwergplanet eingestuft, also kein richtige Planet.)	Gestein	

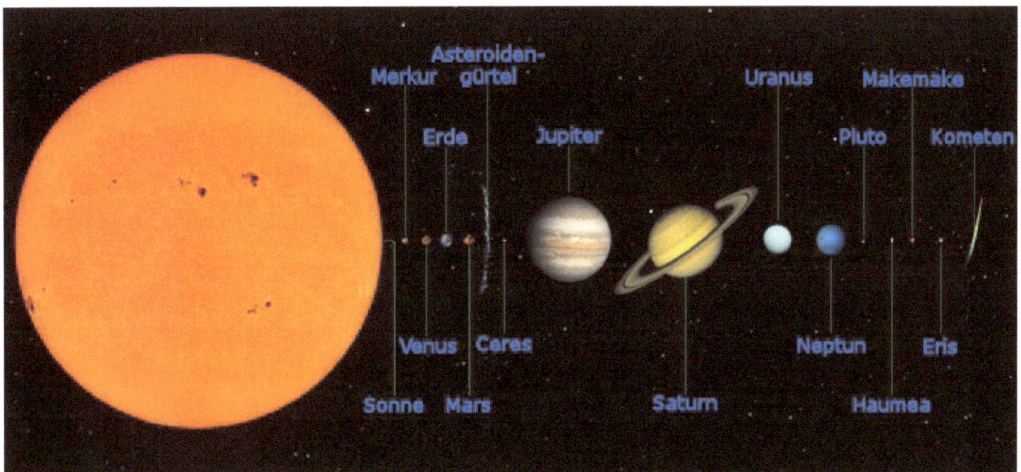

Das Sonnensystem. Rechts ist die Sonne. Auf diesem Bild sind die Entfernungen nicht dargestellt, weil sonst das Buch breit wie eine Stadt sein müsste. Das Bild zeigt die Grössen der Planeten. Von links nach rechts: Sonne, Merkur, Venus, Erde, Mars, Jupiter, Saturn (der mit dem wunderschönen Ring), Uranus, Neptun und Pluto. Pluto wurde aber im Jahr 2006 als einer der Zwergplaneten definiert.

Warum ein Tag einen Tag dauert

„Opa, du hast gesagt, dass ein Jahr 365 Tage hat und ein Tag - 24 Stunden, und noch über Minuten und Sekunden erzählt. Wie ist es genau mit dem Tag und der Nacht und den Stunden?", fragt Aljoschka, nachdem er seine Tasse geleert hat.

„Gute Frage, mein Junge."

Opa füllt sich in seinem Element. Er lebt ja in seinem Haus allein, seitdem seine Ehefrau, also Aljoschkas Oma und Mamis Mutter, nach einer schweren Krankheit gestorben ist. Und seine Pferde und sein Hund Nero stellen keine solchen Fragen. Deshalb fühlt sich Opa sehr wohl hier in der Küche.

„Weisst du, die Erde umkreist die Sonne und das dauert ja ein Jahr. Aber das ist nicht die einzige Bewegung, die die Erde tut. Sie dreht sich um sich selbst. Und das nicht gerade langsam."

Opa nimmt das Bällchen auf dem Gummi in die Hand und hält es hängend über dem Tisch. Mit der anderen Hand dreht er das Bällchen. „Siehst du? So dreht sich die Erde um sich selbst. Schauen wir nochmals die Kanne-Sonne und die Tasse-Erde an. Die Sonne sendet uns auf der Erde ihr Licht. So ist diese Seite der Erde belichtet."

Opa zeigt mit seinem Zeigefinger auf die Seite der Tasse, die der Kanne zugewendet ist.

„Aha, dort ist der Tag. Und auf der andere Seite die Nacht", begreift Aljoschka sofort.

„Genau so ist es", bestätigt Opa. „Weil sich die Erde um sich selbst dreht, wandert das Sonnenlicht über die Erdoberfläche und so ist auf der Erde abwechselnd Tag und

Nacht."

Opa dreht die Tasse so rundum, dass sie immer wieder mit der anderen Seite zur Teekanne steht.

„Wenn also die Braunbären bei uns einen Tag haben, haben die Kängurus eine Nacht!", denkt Aljoschka sofort an seine Erde mit Kontinenten, die auf dem Kühlschrank mit Magnetchen befestigt ist.

„Ja", Opa ist von seinem Enkel begeistert. „Aber das musst du auch noch wissen, andere Planeten rotieren langsamer oder schneller um sich, so haben sie auch längere oder kürzere Tage. Und der Merkur zum Beispiel dreht sich überhaupt nicht um sich selbst. Also existiert der ewige Tag auf der zur Sonne gewandten Seite und die ewige Nacht - auf der abgewandten Seite. Das hat mit der Umkreisung um die Sonne aber nichts zu tun."

„Und, wenn ich behaupte, die Erde dreht sich nicht um sich selbst, sondern die Sonne kreist um die Erde und deshalb haben wir Tag und Nacht? Schliesslich sehen wir, wie die Sonne am Morgen im Osten aufsteigt und am Abend wieder runtergeht", will Mami Opa ein wenig prüfen.

„Niemand sagt doch, es ist wunderschöne Erdumdrehung heute, sondern alle sagen: heute ist ein wunderschöner Sonnenuntergang!"

Mami weiss natürlich, dass sich die Erde tatsächlich um sich selbst dreht, und zwar dauert es genau 24 Stunden. Sie will aber einen Beweis, weil Opa immer alles zu beweisen versucht.

„Das ist eine sehr gute Frage", stimmt Opa zu. „So haben auch alle Gegner des Heliozentrismus argumentiert. Helios – Sonne – im Zentrum. Das hat ein Herr, er hiess

Nicolaus Kopernikus, ein Pole, berechnet und bewiesen."

„Kein Grieche?", wundert sich Aljoschka, der schon denkt, alle Entdeckungen haben die Griechen auf dem Gewissen.

„Na, dass du die Griechen nicht vermissen musst: die geozentrische Theorie, also die Behauptung, die Erde ist im Mittelpunkt des Universums und alles - die Sonne, die Planeten, alle Sterne, die in der Nacht zu sehen sind, - das alles dreht sich um die Erde. Die Theorie stammte von einem Griechen namens Ptolemäus. Der war Astronom und Mathematiker. Kopernikus, der Wissenschaftler aus Polen, hat gesagt, die Sonne ist im Zentrum, nicht die Erde", charakterisiert Opa kurz die beiden Wissenschaftler, die voneinander etwa 1400 Jahre in der Geschichte entfernt waren.

„Die Gegner, vor allem die Kirche, wollten nicht zugeben, dass nicht die Erde der Mittelpunkt des Universums ist, sondern es ist die Sonne, um welche die alle Planeten kreisen."

Der Beweis der Erdrotation

„Wenn die Erde um sich selbst dreht, wieso spüre ich nichts? Ich müsste ja sehen, dass sich die Erde unter meinen Füssen dreht", stellt Mami eine Frage in den Raum.

„Ja! Ich sehe auch nicht, dass sich die Erde dreht", beschwert sich Aljoschka, der Opa sonst absolut vertraut.

„Schade, dass unser Haus nicht hoch genug ist. Sonst würde ich es euch beweisen, sogar sehr einfach. So, wie es ein Franzose, er hiess **Foucault**, Jean Bernard Leon, so einen wunderschönen Namen hatte er", lächelt Opa.

„Wie hat er das bewiesen? Dieser Leon?", fragt Aljoschka sofort und nennt den Wissenschaftler mit dem einzigen Namen, den er behalten konnte.

„Weisst du, er führte im Keller seines Hauses einen Versuch durch, bei dem er ein zwei Meter langes Pendel in Bewegung setzte. Es pendelte dicht über dem Boden und schien dabei im Verlauf der Zeit seine Richtung zu ändern."

Opa nimmt wieder sein Lieblingsinstrument, das er für Erklärungen benutzt: das Bällchen auf dem Gummi. Mit zwei Fingern hält er das Ende des Gummibändchens fest, mit der anderen Hand setzt er das Bällchen in Bewegung. Der Ball schwingt hin und her. Er pendelt, wie das Pendel einer alten Uhr.

„Dieses Gummiband ist zu kurz und der Ball zu leicht, um etwas zu zeigen. Aber der Leon Foucault hat einen zwei Meter langen Faden an der Decke seines Hauses befestigt und am ende Ende des Fadens ein schweres Senkblei montiert."

„So eins, das die Maurer auf dem Bau benutzen, um Mauern gerade zu bauen?", fragt Mami.

„Genau so eins", nickt Opa. „Foucault hat das Senkblei ganz dicht über dem Boden gehängt und darunter Mehl, Sand oder so was gestreut. Und, wenn das Pendel hin und her schwang, wie dieses Bällchen, konnte er sehen, dass sich der Boden unter dem Gewicht dreht. Das Blei hat im Mehl eine Spur hinterlassen.

„Ich habe nie einen Mauern gesehen und ein Senkblei auch nicht." Aljoschka scheint traurig zu sein. Einen Maurer zu sehen könnte sehr interessant sein. Aljoschka mag Handwerker bei der Arbeit zuschauen.

„Also… eh", merkt Opa sein Zauberwort. Er kann aber nicht anders.

„Also, Herr Foucault hat eines Tages, es war um 1850 oder so, sein Experiment in der Pariser Sternwarte wiederholt. Natürlich vor den Augen der gesamten französischen Elite der Wissenschaftler. Sie sind in Zylindern und Fracks und glänzenden Schuhen gekommen. Und mit Zwickers!"

„Oj! Was sind Zylinder, Frack und Zwicker?", fragt Aljoschka.

„Ein Zylinder war ein sehr hoher Hut. Auch die Herren im Zeppelin trugen solche hohen Hüte. Das war in Mode damals. So wie der Frack. Das ist so ein Anzug, den noch heute zum Beispiel die Musiker auf der Bühne tragen. Dirigenten oder Pianisten. Und Zwickern, das war so eine Brille, die nur auf ihren würdigen Nasen hing, weil man die Halterung hinter den Ohren noch nicht kannt."

„Ich will lieber mehr über das Experiment wissen, als darüber, was die Herren damals auf ihren klugen Köpfen und Nasen trugen", äussert Mami einen Wunsch.

„Gut. Zuerst benutzte er in dieser Pariser Sternwarte ein 12 Meter langes Pendel. Das ist so lang, wie 4 Stockwerke eines Hauses. Aber auch das war ihm zu kurz. Nächstes Mal hat er es im Panthéon aufgebaut. Das ist eine sehr hohe Kirche in Paris. Er hat dort den Nachweis der Erdrotation mit einem viel längeren Faden durchgeführt. Herr Leon hat ein 67 Meter langes Seil genommen, oben in der Kuppel der Kirche befestigt und an das Ende des Seils einen 28 Kilogramm schweren Pendelkörper gehängt. Der hatte einen Durchmesser von 60 Zentimeter. Diese Vorrichtung hat er dann der Öffentlichkeit gezeigt."

Opa zeigt dabei mit seinen grossen Armen den Umfang des Pendels. Aljoschka schaut Opa so aufmerksam an, dass er vergisst seinen Mund zu schliessen.

„Dieses Mal sind viele Menschen gekommen, auch ohne Zylinder und Fracks.

„Wie hoch ist das - 67 Meter?", fragt Aljoschka nach einer Weile. Er kann sich diese Höhe nicht ganz gut vorstellen.

„Gehen wir zum Fenster", lautet Opas Anweisung.

Alle drei schauen in die Abendröte, weil sich die Sonne zum Horizont neigt.

„Siehst du das Hochhaus dort?", zeigt Opa zum gegenüberstehenden Block.

„Ja."

„Wie viel Stockwerke hat das Haus?", fragt Opa.

Aljoschka zählt: eins, zwei, drei…

„Acht", lautet seine richtige Antwort.

„Gut gezählt. Also, das Panthéon in Paris ist so hoch, als wenn du danebenstehende Hochhaus auf das Dach des ersten stellen würdest."

Trotz der Erklärung war Opa nicht so sicher, ob sich Aljoschka das vorstellen kann.

„An unterem Ende des Pendels befand sich eine Spitze, die mit jeder Schwingung eine Spur im Sandbett auf dem Kirchenboden markierte. Und man sah, dass sich der Boden unter dem Pendel wirklich drehte."

„Ich will so ein Pendel sehen!", wünscht sich Aljoschka. „Bitte, bitte!"

„Na, wir finden raus, wo so ein Pendel vorgeführt wird. Es ist in einigen Museen oder Sternwarten montiert. Papa kann das sicher herausfinden. Und dann werden wir es uns alle anschauen gehen. Gut?", löst Opa diese Angelegenheit mit Bravur.

„Ja!", ruft Aljoschka laut mit offensichtlicher Freude.

Und Mami klatscht mit ihren Händen, wie ein Mädchen. Nicht nur wegen einem Pendel in irgendeinem Museum, sondern bei dem Gedanke, sie werden mit Papa zusammen dorthin gehen. Und es ist ihr nicht wichtig, ob es ein Museum, eine Sternwarte oder einfach ein Park oder eine Promenade wäre. Die Hauptsache ist, sie werden nach langer Zeit als Familie etwas unternehmen. Das einzige isz ihr wichtig.

Warum ziehen sich alle Dinge gegenseitig an?

Unsere Freunde - Mami, Aljoschka und auch Opa - kehren von dem Fenster an den Küchentisch zurück.

„Ich nehme eine letzte Tasse Tee und werde mich dann langsam auf den Heimweg begeben", verkündet Opa seine Absicht.

Mami giesst in Opas Tasse Tee aus der Kanne.

Nach einer Weile unterbricht Aljoschka die Stille in der Küche:

„Wieso kreisen alle Planeten um die Sonne? Wieso werden sie mit dieser

Anziehungskraft überhaupt angezogen?", fragt er, weil er immer daran denken muss.

„Hm, das ist so eine Sache. Weisst du, vieles wissen wir, dass etwas so ist, wie es ist. Dabei sind viele Menschen mit dem Stand der Dinge zufrieden und fragen gar nicht, wieso es so ist, wie es ist. So war es mit der Anziehungskraft auch für Hunderte von Jahren. Bis ein Herr namens Isaac Newton - nein, es war kein Grieche, sondern ein Engländer!", sagt Opa schnell, als er Aljoschka sieht, wie er zu Wort kommen will. „Isaac Newton, so sagt man, lag nach einem guten Mittagsessen unter einem Baum. Es war ein Apfelbaum."

„Und er ist eingeschlafen!", sagt Aljoschka und stellt sich den Engländer unter einem Baum vor.

„Kann sein, aber das geht aus der Geschichte nicht vor. Ist aber nicht so wichtig. Was wichtig ist: Es war ein Apfelbaum."

„Ich mag nicht unter einem Baum liegen, sondern auf den Baum klettern. Am besten auf eine Kirsche!", sagt Aljoschka und Mami versucht ihren Sohn mit einem Blick zu töten.

„Also", sagt Opa sein Zauberwort, „er liegt so unter dem Baum und plötzlich – bum! Ein Apfel fällt ihm auf den Kopf."

„Ojoj, auf die Nase? Wie gross war der Apfel?"

Aljoschka sieht vor seinen Augen den erschrockenen Newton.

„Auch das ist nicht klar und auch nicht wichtig. Weil Isaac Newton, ein hervorragender Physiker und vor allem Mathematiker, hat sich sofort eine Frage gestellt: WARUM ist der Apfel überhaupt runtergefallen? Das ist, was ich meine. Tausende Jahre lang weiss jedes Kind, das einen Ball in den Himmel wirft, dass der Ball wieder zurück auf die Erde fällt. Aber niemand fragte, warum. WARUM! Er ging sofort nach Hause, setzte sich an den Tisch und rechnete, und rechnete, und…"

„und rechnete", ergänzt Aljoschka.

„Ja! Er hat so viel Papier beschrieben, mit seinen Berechnungen, dass ein dickes Buch entstanden ist. Das Buch hiess Philosophiae Naturalis Principia Mathematica, wenn ich mich nicht irre. Dort hat er die Anziehungskraft der Gegenstände definiert, die von der Masse, so nennt man das Gewicht genauer, und der Entfernung der Gegenstände abhängt. So konnte man alle Bewegungen von verschiedenen Planeten und Objekten im Universum berechnen, die Bahnen und die gegenseitige Wirkung aufeinander bestimmen."

„Mami, welche Masse habe ich?", fragt Aljoschka scherzhaft.

„Deine Masse ist um die 25 Kilo", erinnert sich Mami.

„In diesem Buch hat Isaac Newton sein Gravitationsgesetz, die universelle Gravitation und die Bewegungsgesetze beschrieben. Diese Gesetze gelten bis heute und die Astronomen haben die Bahnen von Planeten und Monden berechnet sehr genau. Auch die Bahnen von Satelliten und Sonden berechnet man mit den Gesetzen von Newton." Aljoschka fängt jedes Wort ein, bewegt sich kaum, ab und zu vergisst er den Mund zuzumachen. Er ist fasziniert.

„Das hat sich aber mit einem anderen Physiker und Mathematiker geändert. Nicht das Berechnen, sondern das Prinzip der Anziehungskraft", ergänzt Opa die Geschichte.

Wie Albert Einstein die Gravitation sah

„Albert Einstein war weder ein Grieche, noch ein Engländer", bemerkt Opa lieber sofort. „Er war ein Deutsche. Einer der besten Physiker und Mathematiker aller Zeiten."

„Besser, als Newton?", fragt Aljoschka.

„Weisst du, es gab in der Geschichte viele hervorragenden Mathematiker und Naturwissenschaftler. Aber nur ein paar haben die Welt wirklich verändert."

„Welche?", will Aljoschka wissen.

„Na, der Grieche Archimedes. Er hat viele Gesetze definiert, die bis heute gelten. Dann eben Isaac Newton, und schliesslich Albert Einstein. Wer besser war? Einstein würde keine Entdeckungen ohne die Formeln von Newton machen können. Und Newton keine ohne Archimedes."

„Was hat Einstein entdeckt?", fragt Aljoschka.

„Er hat in seiner Relativitätstheorie, die er 1906 publiziert hat, gesagt, dass es um uns herum einen Raum gibt. Und in diesem Raum befinden sich verschiedene Dinge."

„Tisch, Stuhl und so?"

„Ja, aber auch Haus, Ball, Wasserstoffatome, Erdkugel, Sonne, Planeten, kleine und sehr grosse Sterne, Galaxien und so weiter."

„Aha, Mami ist ein Objekt!", lächelt Aljoschka.

„Na, physikalisch gesehen stimmt es, aber wir werden sie lieber weiter Mami nennen. Gut? Also, Einstein hat berechnet, dass die Objekte den Raum um sich krümmen."

„Was?"

„Na, beugen. Stell dir eine Gummimatte vor. Oder das Trampolin, auf dem du heute so hoch gesprungen hast."

„Ja", stellt sich Aljoschka so was Leichtes vor.

„Gut. Jetzt stell dir vor, dass ich eine Kanonenkugel von einem Piratenschiff in die Mitte des Trampolin lege."

„Das muss aber ein festes Trampolin sein!"

„Ja. Und, weil die Kanonenkugel ordentlich schwer ist..."

„Hat sie eine grosse Masse!", ergänzt Aljoschka".

„Ist eben massiv!", sagt Mami, die aufmerksam zuhört und Freude an Aljoschka hat.
„Genau. Also die Matte oder das Trampolin beugt sich an der Stelle, wo die Kugel liegt. Einstein hat sich die Matte als Raum vorgestellt. Und dieses Objekt hat den Raum gebeugt. Gekrümmt."
„Aha. Wenn es eine kleinere Kugel wäre, würde sich das Trampolin weniger beugen. Mit einer grossen und schweren mehr", denkt Mami nach.
„Absolut richtig!", lobt sie Opa.
„Jetzt kommen wir zu der Anziehungskraft. Stell dir vor, ich werfe eine kleine Stahlkugel auf das Trampolin, wo bereits unsere Kanonenkugel liegt. Was wird die kleine tun?", fragt Opa.
„Sie wird die schwere Kanonenkugel umkreisen", sagt Mami, die sich das gut vorstellen kann.
„Genau so, wie Planeten, welche im Vergleich zur Sonne klein sind, die massenreiche Sonne umkreisen."
„Opa?", fragt Aljoschka plötzlich.
„Ja, mein Junge?" Opa erwartet irgendeine Frage zur Raumkrümmung.
„Kannst du bitte irgendwo eine Kanonenkugel aus einem Piratenschiff besorgen?", fragt Aljoschka, weil er weiss, wo ein wunderbares Trampolin steht!

Wir wissen nichts!

Opa trinkt seinen Tee aus und zum Schluss erklärt noch:
„Wir wissen und können beweisen, dass Albert Einstein mit der Theorie recht hatte. Objekte krümmen den Raum, in dem wir uns befinden, wie wir schon am Beispiel der Kanonenkugel gesehen haben. Aber die Wissenschaft weiss nicht, warum es so ist. Warum es Gravitation gibt, wissen Wissenschaftler immer noch nicht genau. Sie vermuten es nur. Vielleicht werden sie es aber eines Tages wissen."
„Und wieso kreisen alle Planeten um die Sonne. Woher kommt die Sonne, die Planeten? ", fragt Aljoschka nachdenklich.
„Ja, niemand hat sie doch nicht mit der Hand zum Fliegen gebracht, wie du den Ball aus Gummi", fügt Mami auch Ihre Frage hinzu.
„Das ist so", Opa denkt eine Weile nach.
„Also?" sagen Mami und Aljoschka unisono, bevor es Opa sagen konnte.
„Also", sagt Opa, ohne böse zu sein. Er amüsiert sich, dass die beiden Schüler ihn imitieren. Es zeigt ihm, dass sie aufmerksam zuhören.
„Wie schon gesagt, vor vielen-vielen irdischen Jahren, schrecklich lange ist es her, da existierten noch keine Planeten und auch keine Erde. Und sogar keine Sonne!"
„Wow!", wundert sich Aljoschka. „Auch keine Dinosauriern?"
„Na, wo würden sie denn leben, wenn keine Erde existierte?"

„Das stimmt", gibt Aljoschka zu.

„Es gab nur eine riesige Wolke aus Gas, vor allem Wasserstoff, und Staub. Und aus dieser Wolke formten sich so, hm, wie soll ich es sagen...", sucht Opa das richtige Wort. „Klumpen."

Opa zeigt mit seinen Händen die Klumpen-Bildung so, als wenn er einen Schneeball formen würde.

„Die Staubkörnchen und Gasatome haben sich eben durch die Anziehungskraft zusammengeballt. Und, wenn sich die Materie so zusammengeballt hat, hat sich die ganze Wolke angefangen zu drehen."

„Warum?", will Aljoschka wissen.

„Hast du mal eine Eiskunstläuferin gesehen, die eine Pirouette auf dem Eis dreht?", fragt Opa.

„Ja, sie dreht sich schrecklich schnell!", Aljoschka springt von seinem Stuhl und versucht eine Pirouette zu zeigen. „Frrrrrrrrrr!"

„Vielleicht hast du gemerkt, dass sie ihre Arme zuerst gestreckt hat und sich nicht sehr schnell gedreht hat. Dann hat sie die Arme zum Körper gezogen und immer schneller und schneller rotiert."

„Ja! Soooooo!", Aljoschka dreht sich um die eigene Achse erst mit gestreckten Armen, die er zusammenzieht.

„Genau so ist es auch mit der Wolke passiert. Die Sonne und die Gasplaneten haben sich aus dem Wasserstoff zusammengeballt. Die restlichen Planeten aus dem Staub. Und damit hat angefangen alles sich zu drehen, wie bei einer Pirouette. So kreisen die Planeten um die Sonne bis heute."

Opa ist mit seiner Erklärung zufrieden und nimmt einen weiteren Schluck Tee.

„Nehmt ein Stück Kuchen", sagt Mami beiden Herren.

Luft und Schwingung

„Wie ist das fürchterliches Geräusch entstanden, das mir so unangenehm war?", richtet Mami ihre Frage an Opa.

„Das hat wieder mit der Luft zu tun. Übrigens, sehr interessante Frage", freut sich Opa. Weisst du, warum die Gitarre schöne Töne erzeugt?", fragt er plötzlich und lächelt.

„Weil... hm, weil der Gitarrist die Gitarre spielt!", hat Aljoschka seine Antwort parat.

„Weil die Gitarre Saiten hat", versucht es Mami.

„Ja!", ist Opa einverstanden. „Aber das reicht doch nicht. Wenn meine Gitarre, die alle Saiten hat, in der Ecke steht, produziert sie ja keine Töne, oder?"

„Sage ich doch! Der Gitarrist muss drauf spielen", besteht Aljoschka auf seiner Version.

„Gut, ja. Das Spielen heisst, der Gitarrist versetzt die Saiten mit seinen Fingern in Schwingung. Sie vibrieren und erzeugen so Töne. Je kürzer eine Saite ist, desto schneller vibriert sie und umso höher ist der Ton. Wenn die Saite länger ist, vibriert sie langsamer und der Ton ist tief. Deshalb kürzt oder verlängert der Gitarrist oder auch Geigenspieler mit seinen Fingern die Saiten. Und so erzeugt er eine Melodie, die wir als Musik wahrnehmen."

„Auf der Wiese hat das Gummiband die Luft in Schwingung gebracht. Unser Gummiband war wie eine lange Gitarrensaite. Deshalb war der Ton so tief. Und je schneller ich den Gummi drehte, desto stärker war der Ton", erklärte Opa den Ball am Gummi zu Musikinstrument.

„Na, für mich war es nicht gerade eine Symphonie!", verurteilt Mami seine Gummischwingung.

Nach einem Weilchen, als Opa nachgedacht hat, fragt er plötzlich: „Hast du irgendwo eine Schere?" Die Frage wurde auf Mami gerichtet.

„Momentchen! Sagt Mami und holt eine schwarze Schatulle, die verschiedene Dinge verbergt, die sie braucht, wenn sie etwas an ihrem Kleid korrigiert oder Aljoschkas Hose kürzt. Dort ist ein Kissen mit Nadeln, Fäden verschiedener Farben, ein Fingerhut, eine Kreide und natürlich, neben anderen interessanten Dingen, eine Schere. Mami reicht sie zu Opa über.

„Jetzt bitte noch die Schachtel mit den Streichhölzern, die dort am Herd liegt", lautet Opas Wunsch. Mami bringt auch diesen Gegenstand. Aljoschka ahnt, jetzt kommt etwas Interessantes.

Opa nimmt alle Streichhölzer aus der Schachtel raus. In der Küche herrscht Stille und Spannung. Was soll das werden? Opa schneidet mit der Schere ein ungefähr drei Zentimeter langes Stück des Gummis aus dem Bällchen ab.

„Ich brauche jetzt ein Messer. Könntest du mir bitte deins ausleihen?", wendet sich Opa an Aljoschka.

Der fischt sein kostbares Geschenk aus der Hosentasche. Opa öffnet das Messer und macht an der Schachtel jeweils einen Schnitt iauf beiden kürzeren Seiten des Bodens. Auch Mami beobachtet diesen Vorgang und bewundert in Gedanken die schönen Hände ihres Vaters.

„So. Danke", Opa gibt Aljoschka das Taschenmesser zurück. Dann nimmt er das kleine Stück des Gummis, das er vorher vom Bällchen abgeschnitten hat. Er klemmt die Enden des Gummistreifens in die Schnitte der Schachtel ein, so, dass der Gummi wie eine Saite auf einer Geige oder Gitarre gespannt ist.

„Versuch mal", sagt Opa und Aljoschka nimmt die Schachtel vorsichtig in die Hände, als wenn das Ding aus feinstem Porzellan gefertigt wäre. Dann hält er die Schachtel in einer Hand und berührt den Gummi mit seinem kleinen Finger wie ein Gitarrist es auf seinem Instrument macht. Ein stummer, aber nicht uninteressanter Ton ist zu hören.

„Brnk Brnk Brnk Brnk Brnk Brnk Brnk !"

Tom Goldberg

Aljoschka, Mami und auch Opa lachen, wie glückliche Kinder. Und Barik? Der begleitet Aljoschkas musikalische Übung mit seinem Hundegesang:
Wow-woe-hauw-huuuuuaaauuuuuu!

Mach dir einen Brnk!

1. Was du brauchst

2. Zerschneide das Gummibändchen

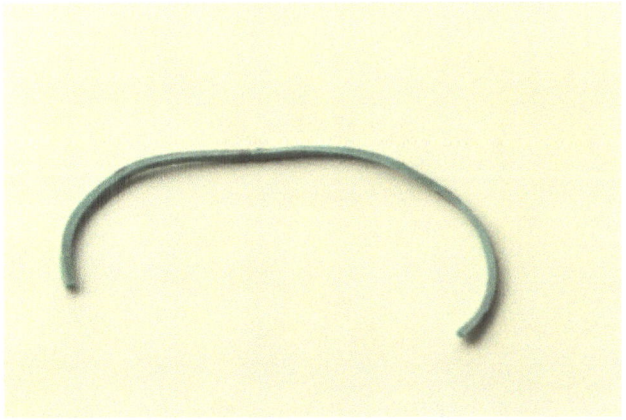

3. Mach einen Einschnitt auf beiden Seiten der Schachtel

Luftballons

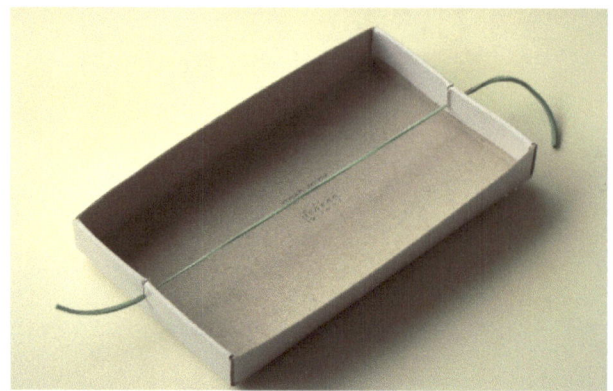

4. Das Gummibändchen einspannen

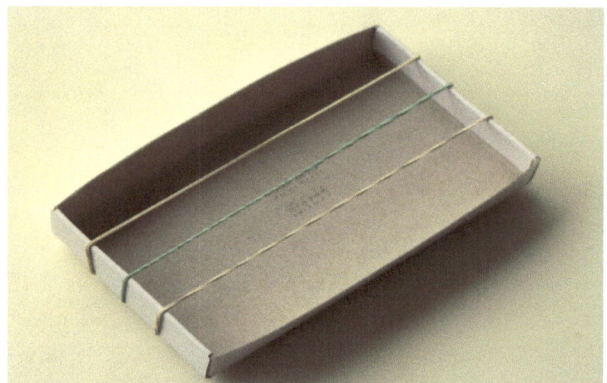

4. So geht es auch!

Warum auf dem Mond keine Vögel singen

Opa nimmt ein Stück Zwetschgenkuchen und Aljoschka sofort auch. Er macht oft das, was Opa oder Papa machen. Das machen viele Kinder. Mami giesst Tee aus der Kanne nach.

„Schmeckt?", fragt sie, und weiss, dass sie Lob ernten wird. Sie fragt aber trotzdem, wie jede Mami, die sich Mühe gibt, einen guten Zwetschgenkuchen zu backen.

„Gut!", lobt Aljoschka mit vollem Mund.

„Köfffffftlich!", sagt Opa, der auch ein grosses Stück abbeisst.

„Freut mich! Und mit vollem Mund spricht man nicht!", tadelt die lächelnde Mami.

Auch Barik will unbedingt Mamis Kuchen loben und legt sein Kinn auf ihr Knie.

„Na? Du willst auch was, du kleiner Bettler?", fragt Mami und gibt dem kleinen Hündchen ein Stück. Nur Mami darf das. Sonst herrscht im Haushalt ein strenges Verbot jegliche Tiere, namentlich Barik, in der Küche zu füttern.

„Und wir sind wieder bei Luft und Gehör", erinnert sich Opa, dass er noch diese Erklärung schuldet. „Die Saiten der Gitarre, der Geige und auch dieser Gummi vibrieren, wenn der Musiker sie in Schwingung versetzt, mit den Fingern, auch mit einem Bogen. Die Saiten schwingen auch durch eine Luftströmung, so wie es mit diesem Ball war. So machst du es auch mit deinem Brnk. Mit deinem Finger bringst du den Gummi in der Schachtel zum Vibrieren."

Aljoschka klimpert auf seinem neuen Musikinstrument mit Freude.

„Die Luft, die ja alles umgibt, schwingt dann auch. Und so werden die Schwingungen mit der schwingender Luft in unser Ohr übertragen und lassen so das Trommelfell mitschwingen."

Aljoschka berührt seine Ohren.

„Willst du vielleicht hören, was dir die Zwetschgen, die du auf den Fingern hast, erzählen?", fragt Mami.

„Nööö. Zwetschgen reden doch nicht!", erklärt Aljoschka eine bekannte Tatsache. Opa lässt sich nicht aus der Ruhe bringen und erzählt weiter:

„So bringen die Schwingungen der Luft auch die Härchen im Innenohr zum Schwingen. Und wir hören die Gitarre, die Geige, den Gummi, den Wind, das Meer, die Vögel und alle Geräusche, die wir eben so hören können. Auf dem Mond, wenn dort Vögel leben könnten, würden sie nicht singen können."

„Warum? Weil dort keine Drähte montiert sind, auf denen sie sitzen könnten?", kommt Aljoschka zu einer interessanten Erkenntnis.

„Weil dort keine Luft ist. Luft! Deshalb würden sie nicht mal singen lernen. Und auch keine Organe haben, mit denen sie singen könnten. Und keine Ohren haben! Keine Luft würde Schwingungen übertragen", besiegelt Opa das Schicksal der Vögel auf dem Mond.

„Wisst ihr was?", steigt Mami in diesen Teil der Erklärung ein.

Beide wenden sich mit Interesse an sie und warten. In der Küche herrscht Spannung. Eine Nadel könnte man hören, wenn sie auf den Boden fallen würde. Alle warten ungeduldig auf Zusatzinformationen zum Gesang der Vögel auf dem Mond.

„Hm?", fragt Opa.

„Hm?", macht Aljoschka nach.

„Ich denke, die Vögel würden auf dem Mond einfach ersticken!"

Verschieden und doch gleich

So, Kinder, haben euch die Bilder der Planeten gefallen? Was haben alle diesen Planeten gemeinsam? Einige sind aus Gestein, andere aus Gas. Einige sind klein, andere riesengross. Sie sind also sehr verschieden. Doch, etwas haben die Planeten gemeinsam. Was kann es sein? Na? Warten wir also, bis Opa und Aljoschka den Kuchen zu Ende essen. Vielleicht erzählt uns Opa etwas Interessantes darüber.

Opa trinkt seinen Tee, nachdem er sein Stück Lieblingskuchen gegessen hat. Aljoschka ist nicht so schnell. Nicht, dass es ihm nicht schmecken würde, aber er ist, wie alle Kinder, einfach langsamer, als Erwachsene. Opa fragt die beiden am Tisch plötzlich, so wie immer, wenn er eine Idee hat.

„Was haben alle Planeten und Sterne gemeinsam?"

„Sie fliegen um die Sonne!" weiss Aljoschka sofort eine Antwort.

„Na, erstens FLIEGEN keine Sterne um die Sonne, und als fliegen kann man es auch nicht bezeichnen. Fliegen können nur Dinge, die Flügel haben. Wie Vögel zum Beispiel", korrigiert Opa.

„Oder Fliegen fliegen", ergänzt Aljoschka.

„Schmetterlinge, Wespen, Bienen!", wirft Opa seine beflügelte Objekte in den Ring.

„Oho! Der Kampf beginnt wieder!", meldet Mami.

„Aljoschka wartet nicht auf ein Signal, das den Kampfbeginn ankündigt, und schlägt zu: „Libellen, Stechmücken! Die machen so: Tzzzzzzzzzzzzzzzz!", nachahmt Aljoschka den Ton mit hoher Stimme.

„Fledermäuse", kann sich Mami nicht vom Schlachtfeld fernhalten.

„Flugzeug und UFO!", lässt sich Opa nicht unterkriegen. „Auch die haben Flügel."

„Ha! Moooooooment!", stoppt Mami den Kampf wie richtige Schiedsrichterin. „Woher willst du bitte wissen, das UFOs Flügel haben oder nicht haben? Hast du viele UFOs gesehen?"

„Mnoooo, hmmm, na,... alle, die ich bislang gesehen habe, haben eigentlich keine Flügel gehabt", erkennt Opa seine Niederlage mit gespielter Nachdenklichkeit an, als wenn er im Kopf alle von ihm beobachteten UFOs gezählt hätte. Dabei zieht er langsam seinen weissen Schnurrbart. „Du hast recht!"

„Siehst du?", ist Mami zufrieden.

„Ja! Siehst du!", wärmt Aljoschka sein Süppchen auf, obwohl niemand was sieht.

„Na gut. Planeten fliegen nicht, weil sie eben keine Flügel haben. Sie bewegen sich auf einer Umlaufbahn um die Sonne. Sie kreisen um die Sonne. So ist es richtig definiert", beendet Opa den Streit über die Art der Bewegung der Planeten und erzählt weiter.

„Jedenfalls haben sie diese Bewegung als gemeinsame Eigenschaft", schnappt sich Opa das Thema, um alle Beteiligten von seiner schrecklichen Niederlage abzulenken. „Auch wenn Planeten existieren, die sozusagen Waisen sind. Diese Planeten kreisen um keinen Stern, sondern wandern durch das Universum ohne feste Bahn."

„Und der Mond fliegt, Pardon, kreist nicht um die Sonne, sondern um die Erde", macht Mami auf diese Tatsache aufmerksam.

„Also", meldet sich Opa wieder mit seinem Lieblingswort: „Es ist was anderes, das alle die Objekte, wie unsere Erde, Monde, Planeten, Sterne, aber auch Luftballons, Regentropfen und Seifenblasen gemeinsam haben. Was ist das? Na?", hilft Opa nach.

„Sie sind RUND!", rufen Mami und Aljoschka gleichzeitig.

„Ganz genau. Sie sind rund", nimmt Opa die Antwort als richtige an. Und plötzlich schiesst er, wie er es zu tun pflegt, eine tückische Frage in den Raum:

„Woher wisst ihr überhaupt, dass die Erde rund ist?"

„Das weisst doch jedes Kind!", erinnert Aljoschka an die allgemein bekannte Tatsache.

„Ich frage, WOHER weisst du es. Nicht, OB du es weisst", präzisiert Opa seine Frage. Aljoschka schaut zur Decke der Küche, als wenn die Antwort dort geschrieben wäre.

„Ich weiss, dass die Erde eine Kugel ist. Es weiss wirklich jeder. Man kennt die Bilder der Erde, welche die amerikanischen Astronauten vom Mond fotografiert haben. Aber sonst, woher man das weiss, dass weiss ich auch nicht genau", sagt Mami nachdenklich.

Woher wissen wir, dass die Erde eine Kugel ist?

„Ich sage es euch, woher es die Menschheit weiss", bereitet sich Opa zum nächsten Vortrag vor.

Mami und Aljoschka hängen wie immer an Opas Lippen. Sie mögen seine Erklärungen sehr. Sie fühlen sich nie belehrt. Sie schämen sich nie, wenn sie etwas nicht wissen. So hat auch Mami das Glück gehabt, Opa als Vater zu erleben.

„Die Idee der Kugelgestalt der Erde wurde schon von den alten Griechen vertreten."

„Wieder Griechen! Die nicht mal den Kühlschrank kannten!", schüttelt Aljoschka seinen Kopf und will über dieses interessantes Volk mehr wissen.

„Ja. Dort lebten sehr kluge Menschen, wie Pythagoras, Aristoteles, Eratosthenes und viele anderen. Und gerade Pythagoras hat schon vor 2600 Jahren in seinen Schriften die

Luftballons

Erde als eine Kugel bezeichnet. Zwar hat er damals kein Raumschiff und auch keine Kamera gehabt, um die Erde aus dem All fotografieren zu können, er nahm es aber aus ästhetischen und auch logischen Gründen an. Wenn Himmelskörper rund sind, warum soll die Erde anders sein, sagte er logisch."
„Wie kann man das also behaupten, ohne die Erde von aussen zu sehen?", fragt Mami.
„Platon, auch ein genialer Grieche, hat ungefähr vor 2400 Jahre
mehrere Gründe genannt:

1. Wenn sich ein Segelschiff von der Küste entfernt, sehen die Menschen am Ufer zuerst den Rumpf des Schiffes verschwinden, der Mast mit dem Segel ist aber noch zu sehen. Umgekehrt geht es, wenn sich das Schiff dem Ufer nähert.
2. In südlichen Ländern erscheinen südliche Sternbilder höher über dem Horizont.
3. Der Erdschatten bei einer Mondfinsternis ist stets rund."

„Mami und ich wollten einmal eine Mondfinsternis anschauen, aber es hat geregnet und wir haben nichts gesehen. Nicht mal den Mond", beklagt sich Aljoschka.
„Sicher wirst du das noch oft sehen können. Du bist doch erst acht", gibt Opa seinem Enkel Hoffnung.
„SCHON acht!", korrigiert ihn Aljoschka sofort.
„Ach, entschuldigen Sie, mein Herr. Ich wollte Sie nicht beleidigen", Opas Gesicht ist schelmisch und friedlich.

Zuerst war die Schildkröte, dann die Erde.

Eine Weile herrscht Stille am Tisch und jeder denkt für sich über Opas Erzählungen nach. Dann beginnt Mami langsam die Tassen und den Kuchen abzuräumen. Aljoschka läuft zum Fenster und schaut in den Himmel, ob er seinen Ballon doch irgendwo sehen könnte. Die Sonne geht schon runter, kleine Wolken haben eine rötliche Farbe und schwimmen wie grosse Segelschiffe auf einem dunkelblauen Ozean. Opa reinigt seine Pfeife und verstaut sie in einem kleinen Beutel aus Leder, der dann in seiner Jackett-Tasche verschwindet. In der Küche hört man Geräusche des Geschirrs, das Mami abspült.

„Weisst du, nicht immer haben die Menschen geglaubt, die Erde sei eine Kugel", denkt Opa laut nach, ohne direkt Mami oder Aljoschka anzusprechen. Als wenn er mit sich selbst sprechen würde.

„Was haben sie denn gedacht?", fragt Aljoschka interessiert.

„Einige Völker haben vor vielen Zeiten gedacht, die Erde ist flach wie eine Scheibe."

„Oho! Sicher die alten Griechen!", schiebt Aljoschka diese schreckliche Unwissenheit auf die arme Griechen. „Eine Scheibe, wie eine CD in Papas CD-Spieler?"

„Nein, es waren nicht die Griechen. Viel früher dachten asiatische Völker, die in heutigem Bangladesch, Indien, Thailand oder Burma lebten, dass die Erde eine grosse flache Scheibe oder eine Disk ist."

„Und wenn sie zum Rand der Scheibe gewandert sind, was haben sie dort gesehen?", fragt Mami vom Waschbecken.

„Das Meer. Wasser, überall Wasser", erklärt Opa. Sie haben geglaubt, dass die Erde auf dem Panzer einer riesigen Schildkröte liegt. Sie glaubten, die Schildkröte hat die Erde aus dem Meer gehoben", erzählt Opa eine Geschichte, die ihre Wurzel im Buddhismus hat.

„Haha! Du scherzt, Opa! Ich glaube dir kein Wort!", beschuldigt Aljoschka seinen Grossvater.

„Doch, doch! Sogar noch heute glauben einige Indianerstämme, wie zum Beispiel die Algonkin-Indianer oder Irokesen, dass die Mutter-Schildkröte die Trägerin der Welt ist und in dem Wasser schwimmt, dass alles umgibt."

Weil Opa ganz ernst schaut und seine Stimme klingt so, als wenn er es aus alten Büchern vorlesen würde, ist Aljoschka, aber auch Mami, nicht sicher, dass Opa scherzt.

„Weisst du", erzählt Opa weiter, „in allen diesen Ländern, auch China und Thailand, werden Schildkröten geschützt und als heilige Tiere angesehen."

Aljoschka stellt sich eine riesige Schildkröte vor, viel grösser, als die grosse, die er mit Papa im Zoo gesehen hat. Papa hat ihm erzählt, dass sie nur auf paar Inseln leben und

alle Menschen überleben. Aljoschka war mehrere Male mit Papa und mit Mami im Zoo.
„Aber die Erde ist eine Kugel, ja?", verlangt Aljoschka eine Bestätigung.

„Sie ist eine Kugel. Na, keine absolut exakte. Sie ist durch ihre Drehung um die eigene Achse ein wenig flach an den Polen. Die Pole sind die Stellen oben und unten auf der Erdkugel. Darüber haben wir ja schon gesprochen, dass die Erde auf den Polen, also oben und unten, ein bisschen flacher ist, als am Äquator. Das kann dir dein Papa sehr gut erklären, warum es so ist. Auch andere Planeten und die Sonne und Sternen haben diese Form", versichert Opa seinem Enkel. „Aber dass die Erde eine Kugel ist, haben noch vor kurzer Zeit einige Menschen abgelehnt, weil sie zu wenig über andere Dingen wussten. Wie eben zum Beispiel über Gravitation."

„Was hat die Gravitation mit der Vorstellung von der flachen Erde zu tun?", fragt Mami wieder.

„Sie haben die Erde als Kugel abgelehnt, ausser anderem auch deshalb, weil sie sich nicht vorstellen konnten, dass die Menschen, die zum Beispiel in Australien leben, nicht von der Kugel runterfallen!", erklärt Opa die Logik dieser Menschen. „Sie haben einfach die Anziehung der Erde vergessen oder nicht berücksichtigt. Aber wir wissen, dass die Erde ungefähr so rund ist, wie die da."

Opa zeigt mit dem Zeigefinger auf Aljoschkas Kartoffel-Erde, die auf der Tür des Kühlschranks mit Magnetchen angeklebt ist: „Alles ist rund."

Alles ist rund!

„Warum? Warum ist alles rund?", will Aljoschka wissen.

„Erstens, hat das mit der Gravitation zu tun, die wir schon besprochen haben und über die wir nicht genau wissen, woher sie kommt. Zweitens, mit dem Druck, der auch die Gravitation verursacht."

„Gravitation ist Anziehungskraft!", erinnert sich Aljoschka.

„Genau", bestätigt Opa und sagt lange nichts. Er denkt nach.

„ALSO?", sagen Mami und Aljoschka gleichzeitig wohl wissend, was kommt, und lächeln dabei beide.

Opa schaut seine Schützlinge an.

„Sage ich das Wort wirklich so oft?"

„Nööööööööööö", hört er von beiden Zuhörern.

„Also.... Eh, wie soll ich sagen, na, hm..."

Opa lächelt und offensichtlich hat er den Faden verloren. Sein „also" ist scheinbar ein sehr wichtiges Instrument, um seine Gedanken zu ordnen.

„*Gravition*", hilft Aljoschka nach.

„Gravitation!", korrigiert Opa seinen Enkel. „Gra-vi-ta-tion", will er das Wort in Aljoschkas Gedächtnis einprägen.

„Ja. Wie ist es also mit den *Phälomenen*?"

„Phänomenen! Und mich kannst du nicht ärgern!", warnt Opa und schaut wie ein Teufel aus. „Grrrrrrrrrrrr!"

„Grrrrrrrrrrr", macht Aljoschka nach und bildet mit seinen Fingern teuflische Hörner auf dem Kopf. Dabei streckt er seine Zunge aus dem Mund, wie ein echter Teufel es tut.

„Blblblblblbl!"

Mami lacht.

„Ich will endlich wissen, warum die Erde eine Kugel ist. Wenn sie flach auf dem Rücken einer Schildkröte wäre, würde ich es viel schöner finden", erklärt Mami ihren Geschmack.

„Na gut", versucht Opa sein „ALSO" zu meiden. „Beginnen wir bei der Gravitation. Übrigens, das Wort hat seinen Ursprung in Latein und bedeutet Schwere."

„Ich dachte, das kommt von alten kühlschrankslosen Griechen!", stichelt Mami Opa gutherzig, er geht aber nicht auf diese Anspielung an.

„Wie wir schon gesehen haben, wollte Aljoschka am liebsten auf dem Trampolin zum Mond springen. Es ist ihm deshalb nicht gelungen, weil er von der Erde angezogen wurde. So werden alle Dinge zum Mittelpunkt der Erde... was?"

„Angezogen", hört er von beiden seinen Zuhörern. Opa hat Freude, dass er so gute Schüler hat.

„Sogar Luft und Wolken werden von der Erde angezogen. Oder von anderen Planeten, wenn die Wolken und Atmosphäre haben. Wenn sich zum Beispiel die Gase im All gesammelt haben, war es zuerst ein Klumpen, der weiteres Gas von allen Seiten zu sich angezogen hat. Und der Klumpen wuchs und wuchs. So ist eine Kugel von Gasen entstanden."

„Wie der Klumpen der Zuckerwatte auf dem Rummelplatz!", erinnert sich Aljoschka.

„Sehr gut! Wieso habe ich nicht an so ein gutes Beispiel gedacht! Ich sehe, junger Mann, du benutzt deinen Kopf tatsächlich auch zum Denken! Die Faden der Zuckerwatte sind wie Gas im All. Aber sie werden nicht durch Gravitation vom Speil angezogen, sondern, weil Zucker klebt!"

„Ja. Das kann man an den klebrigen Händen meines Sohnes sehr gut beweisen!", seufzt Mami.

„Und wenn sich sehr viel Gas ansammelt, entsteht Druck, ja?", erinnert Mami das zweite Phänomen, das Opa erwähnt hat. „Ja. Auch, wenn ein Gas, wie Wasserstoff, sehr leicht ist, gibt es so viel davon, dass die Atome des Gases immer stärker in den Mittelpunkt dieser Kugel gezogen werden. Der Druck des Gases wird sehr-sehr stark. Dazu kommt, dass mit dem Druck Wärme entsteht."

„Wärme?", fragt Aljoschka, der vor seinen Augen den Verkäufer der Zuckerwatte sieht, der den Klumpen auf den Speil dreht und die Fäden sich ansammeln.

„Wärme. Und je mehr Gasdruck auf das Zentrum der Gaskugel wirkt, desto heisser ist es dort. Heiss. Sehr heiss. Auf jeden Fall entsteht so eine sehr regelmässige Kugel. Wenn der Druck des Gases sehr gross ist, wird die Temperatur im Zentrum der Gaskugel so hoch, dass es dort ungefähr zehn Millionen Grad heiss wird. Bei dieser Temperatur entzündet sich die Kugel und ein Stern wie unsere Sonne wird geboren. Das dauert aber Millionen von Jahren."

„Und auch die Planeten wurden rund, nur einige bestehen nicht aus Gas, sondern aus Staubkörnchen, ja?", will Mami eine Bestätigung.

„Ja. Auch die Gasplaneten, wie Saturn, Neptun oder Uranus. Nur sind sie bei Weitem nicht so gross, wie die Sonne, also auch nicht so heiss im Inneren."

„Alle diesen Dinge sind rund, weil alle Teilchen, aus denen sie bestehen, durch die Gravitation den Mittelpunkt gezogen werden, ja?", will sich Mami vergewissern.

„Ja, genau. Im Kosmos kommt diese Form sehr häufig vor. Fast alle Objekte dort sind kugelförmig, mit seltenen Ausnahmen. Die Sonne, Monde, Sterne, die allen bestehen aus Material, das zum Mittelpunkt gezogen wird und ihnen diese Form verleiht."

Nicht alles ist rund!

„Welche Ausnahmen sind das?", fragt Mami, die mit dem Geschirr fertig ist und setzt sich an den Tisch und einen Tee aus der Kanne in ihre Tasse giesst.

„Asteroiden, also riesige Felsbrocke, die sich im All ziellos bewegen. Auch Kometen sind unregelmässige Gebilde aus Steinen und Eisbrocken."

„Warum sind sie nicht rund?", fragt Aljoschka sofort.

„Weil es Reste von Kollisionen grösserer Körper im All sind. Wenn zwei Planeten zusammenprallen, entstehen eben solche Brocken. Manche wandern um die Sonne seit der Entstehung des Sonnensystems vor knapp 5 Milliarden Jahren. Manche fallen ab und zu auf die Erde. Wir nennen sie Meteoriten. Auch sind sie nicht gross genug, um von der eigenen Gravitation gerundet zu werden. Wie wenn du eine Kugel aus Plasteline machst, oder einen Schneeball. Dazu musst du Kraft von allen Seiten anwenden."

Opa zeigt mit seinen Händen die Kraft, die einen Körper rund macht.

„Asteroiden oder Meteoren sind nicht gross genug, ihre Anziehungskraft ist zu schwach. Also, sie sind nicht rund."

„Aha! Davon hat mir schon Papa erzählt. Er fand solche Meteoriten schon. Hat mir aber keinen mitgebracht. Er sagt immer, sie sind sehr wertvoll. Man untersucht sie im Labor und er darf mir keinen schenken", bedauert Aljoschka. „Papa hat mir auch erzählt, dass so ein riesengrosser Meteorit vor langer Zeit die Erde getroffen und alle Dinosaurier getötet hat", erinnert er sich.

„Das war ein grosser Felsen. Ja. So gross wie der höchste Berg der Erde. Und schnell war er! Oh, wie schnell diese Meteoriten sind, wenn sie auf die Erde fallen!", Opa nickt mit dem Kopf als wenn er einem Geist zustimmt.

„Wie schnell? Wie eine Rakete?", will sich Aljoschka die Geschwindigkeit vorstellen.

„Viel schneller! Sie rasen so schrecklich schnell, dass sie anfangen zu brennen! Sie verglühen in der Atmosphäre, in der Luft. Da sind wir wieder bei der Luft, die niemand sehen kann!", kommt Opa zurück zum Anfangsthema.

„Was? Steine oder Felsen können doch nicht brennen!", glaubt Aljoschka dieses Mal kein Wort. Opa scherzt doch!

„Oho! Du kannst es selber mit eigenen Augen im August am Himmel sehen. Ich zeige es dir, wenn du zu mir kommst! Sie brennen nicht nur, sondern meist bleibt von ihnen nur Asche und Staub. Und wir werden die Geschwindigkeit und wie sie verglühen in der Nacht sehen können."

„Aber Papa findet doch ab und zu solche Steine", wehrt sich Aljoschka.
„Ja, die sind ein wenig grösser und es ist der Rest, der nicht verglüht ist. Solche findet dann dein Papa."
„Wir können solche Meteoriten mal in einem Museum anschauen, wenn du willst", schlägt Mami vor. „Du wirst sehen, dass sie ganz schwarz vom Feuer sind."
Nach kurzer Pause fragt Aljoschka weiter.
„Und das zweite **Phälomen**?", fragt er und Opa weiss, sein Enkel entstellt das Wort absichtlich.

Doch ist alles rund

Opa kann sich nicht mehr erinnern.
„Was meinst du?"
„Du hast ja gesagt, dass alles rund ist. Wegen der Anziehungskraft. Und dann?"
Opa sieht, sein Enkel verfolgt seine Erzählung sehr aufmerksam, und das macht ihm Freude.
„Das ist der Druck. Dein Luftballon zum Beispiel ist mit Luft oder Helium gefüllt. Das Gas drin will raus aus dem Ballon. Und weil es zu wenig ist, ist die Gravitation sehr gering und der Druck des Gases gross. So drückt das Gas auf alle Seiten gleich und es entsteht ein runder Ballon. Oder hast du vielleicht mal einen Luftballon gesehen, der viereckig war?"
„Nö"
„So ein Druck ist auch im Inneren der Sonne. Das Gas will raus, wird aber durch die Anziehungskraft angezogen. Deshalb reden wir über ein Gleichgewicht des Drucks und der Anziehungskraft. Druck und Gravitation lassen Sterne rund sein. Wenn der Druck kleiner wäre, würde alles ins Zentrum gezogen und der Stern würde kollabieren. Einige machen es sogar. Dazu aber ein anderes Mal."
„Kann unsere Sonne auch kollabieren?", fragt Aljoschka absolut fasziniert.
„Unsere Sonne nicht - zu wenig Gas. Eines Tages wird die Sonne seinen Vorrat am Wasserstoff verbrennen und der Druck im Inneren der Sonne wird kleiner. Die Gravitation wird stärker, als der Druck des Gases. Unter der Kraft der Gravitation wird der Kern der Sonne heisser und heisser."
„Noch heisser, als jetzt?", fragt Mami.
„Ja, doppelt so heiss, wie jetzt. Damit wird die Sonne die Gashülle abstossen. Die Sonne wird grösser und grösser und ganz rot sein. Und sie wird alle Planeten schlucken, wie ein Drache, der Feuer speit. Sie wird alles verbrennen, auch die Venus und die Erde und den Mars und den Mond auch."
„Oj! Auch Bäume, Braunbären und Eisbären? Und Mami und Papa?", fürchtet Aljoschka.

„Nein. Du musst keine Angst haben. Das wird erst in sehr vielen Jahren geschehen. Tausende von Millionen Jahren. Vermutlich wird es in dieser Zeit auf der Erde keine Menschen mehr geben, und keine Bären und Elefanten", Opa streichelt den Kopf seines Enkels.

„Wenn es dazu kommt, wird aus der Sonne eine riesige - rote Kugel werden. Eben rund. Es kann aber sein, die Menschen werden riesige Raumschiffe bauen und zu fremden Sonnen fliegen, erdähnliche Planeten dort finden und sie besiedeln. Wer weiss."

Archimedes in der Badewanne

Nach einer Weile, wenn Stille in der Küche eintritt, schaut Opa aus dem Fenster und seufzt:

„Schau. Die Erde hat sich schon so gedreht, dass die Sonne unter dem Horizont verschwunden ist und der Mond zu sehen ist." Mami lächelt, dass Opa absichtlich vermeidet zu sagen, dass die Sonne untergegangen ist.

„Ich muss mich langsam auf den Weg machen."

Mami schliesst das Fenster und schaltet das Licht ein. Opa steht auf.

„Du musst schon gehen?", fragt Aljoschka traurig und umarmt Opa.

„Ja. Auch wenn es mir mit euch beiden so wohl war, muss ich noch vieles zuhause tun und früh schlafen gehen. Denn am Morgen wartet schon Roxy auf sein Frühstück, und auch Nero freut sich sicher auf den Spaziergang mit mir. Und du musst morgen in die Schule gehen und dann Mami helfen. Aber, damit du nicht traurig bist, machen wir noch ein letztes Experiment zusammen. Gut?"

„Ja!", freut sich Aljoschka. „Was für eins?"

Na, wir machen ähnliches Experiment, das gewisser Galileo Galilei in Pisa vor ein paar hundert Jahren durchgeführt hat. Pisa ist eine Stadt in Italien. Dort steht ein wunderschöner Turm, aber der steht schief!", Opa zeigt es mit seinem Arm. „So!"

„Wirklich?", kann es Aljoschka kaum glauben.

„Wirklich. Wir haben hier zwar keinen schiefen Turm, wie Galilei, aber unser drittes Stockwerk reicht vollkommen aus. Mami hilft uns dabei und du wirst für Sicherheit in der Stadt sorgen, dass niemand zu Schaden kommt."

„Aha! Das scheint ein gefährliches Experiment zu sein!" befürchtet Mami.

„Keine Angst, ich habe alles unter Kontrolle!" versichert Opa seine Tochter.

Aljoschka dagegen nimmt die Zerstörung der Umgebung in Kauf - die Hauptsache ist, dass es spannend wird. Aber so war es immer mit Opas Experimenten.

„Unter Kontrolle? So wie du das Experiment von Archimedes durchgeführt hast?"

„Du meinst, über den Auftrieb", erinnert sich Opa.

„Genau. Du hast alles unter Kontrolle gehabt - und dann mussten die Nachbarn in der Wohnung unter uns im Bad ihre Zähne mit einem Regenschirm putzen, weil es durch dein Experiment regelrecht aus ihrer Decke geregnet hat!". „Das über den Körper, der in Flüssigkeit - also Wasser - in der Badewanne so viel davon verdrängt, dass es dem Volumen des Körpers entspricht", erinnert Mami Opa.

„Perfekt! Wie ich sehe, beherrschst du dieses Gesetz ausgezeichnet!", lobt Opa Mami.

„Klar. Der Körper war Aljoschka, in Flüssigkeit getaucht, und er hat aus der vollen Badewanne 150 Liter Wasser durch das Archimedes Gesetz verdrängt! Auf den Boden!"

„Naja. Ich hab halt die Badewanne zu voll gefüllt", gibt Opa seinen Fehler zu und sein Gesicht versinkt in tiefster Reue.

„Kennst du die Geschichte von Archimedes?" Opa wartet nicht auf eine Antwort und erzählt weiter:

„Archimedes, das war wieder ein Grieche, Mathematiker und Wissenschaftler. Einer der grössten aller Zeiten."

„Schon wieder ein Grieche! Ich will nach Griechenland!", wünscht sich Aljoschka.

„Na, diese Archimedes war zwar ein Grieche, aber er lebte in einer Stadt namens Syrakus auf Sizilien damals. Und, man sagt, er hat dieses Gesetz über den Auftrieb beim Baden in seiner Badewanne entdeckt. Erinnerst du dich, Töchterchen?"

„Natürlich. Er ist aus der Badewanne ausgesprungen und nackt durch die Stadt gelaufen und hat dabei geschrien: Heureka! Heureka!"

„Richtig, griechisch heisst das: Ich habe entdeckt!", übersetzt Opa das Wort.

„Ich bin sehr froh, dass Aljoschka dieses Vorgehen des grossen Archimedes nicht bis ins letzten Detail nachgemacht hat", freut sich Mami. „Die 150 Liter Wasser abwischen reichte mir vollkommen als Spass."

Opa zieht schon seinen Mantel an und Barik kommt sich auch verabschieden. Er bellt zweimal und Opa streichelt seinen Kopf hinter den Ohren.

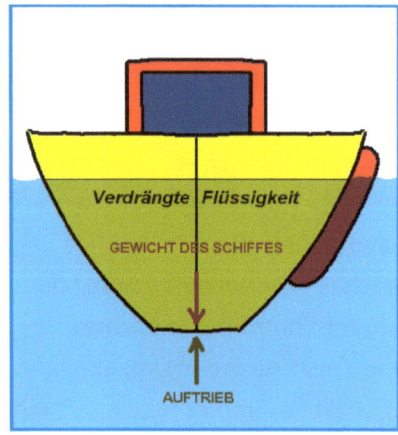

Galileis freier Fall

„So, jetzt zum letzten Experiment. Aljoschka zieht was an und geht mit mir nach unten vor das Haus".

„Opa, bitte, ich habe bis jetzt ein gutes Verhältnis zur Nachbarschaft!", fleht Mami ihn an mit einem unguten Gefühl im Magen. „Auch die Polizei und Interpol interessiert sich bislang nicht für unsere Familie. Ich möchte, dass das so bleibt."

„Keine Angst, keine Angst. Du nimmst jetzt eine kleine Plastiktüte, füllst sie voll mit Wasser und verknotest sie so, dass das Wasser nicht ausfliesst."

„Na gut."

Mami gibt auf, wissend, ihrem Vater kann man nicht widersprechen. „Und weiter?"

„Dann nimmst du diesen Abfallsack und füllst ihn auch mit Wasser. Dort hat haben sicher fünf Liter Wasser Platz."

„Und was mache ich?", fragt Aljoschka.

„Du wirst die Umgebung sichern und das Experiment als Richter und Zeuge beobachten!" macht Opa Aljoschka mit seinen Aufgaben bekannt.

„Und weiter?", fragt Mami.

„Wir gehen nach unten auf die Strasse unter das Fenster. Wir werden die vorbeigehenden Menschen warnen und du wirfst auf mein Kommando beide Gegenstände aus dem Fenster. So wie es Galilei mit zwei Kugeln in Pisa gemacht hat. Mit einer schweren und einer leichteren.

„Oh Gott!", äussert Mami ihre Befürchtung, dass Unglück über die Stadt heranzieht.

„Keine Angst! Natürlich wartest du auf mein Zeichen, dass alles gesichert ist. Und was sehr wichtig ist: du wirfst die Tüte und den Sack möglichst gleichzeitig raus. Gut? Dann kommst du nach unten zu uns."

„Oh Gott, oh Gott!", ruft Mami nach dem Allmächtigen, obwohl sie als Ungläubige bekannt ist. „Ich will nicht ins Gefängnis, schliesslich muss ich mich um ein Kind und einen Hund sorgen!", ruft sie und sucht dabei eine Tüte.

„Wir gehen!", meldet Aljoschka, der schon sehr aufgeregt ist. Sie gehen die Treppen runter und bald befinden sie sich unter dem Fenster. Es ist noch nicht ganz dunkel.

„Ich frage dich jetzt, bevor wir das Experiment durchführen: wenn Mami die beiden Dinge gleichzeitig aus dem Fenster auswirft, welches fällt früher zum Boden?"

„Natürlich der grosse Abfallsack. Ist doch schwerer!", zögert Aljoschka keine Sekunde mit der Antwort. „Ist doch klar!"

„So klar ist es nicht! Weisst du, Alex, das Experiment zeigt die Anziehungskraft der Erde, die allen Gegenständen die gleiche Beschleunigung beim freien Fall erteilt. Egal, wie gross oder wie schwer sie sind", erklärt Opa und beobachtet gleichzeitig ein älteres

Paar, das sich der gefährlichen Stelle mit langsamen Schritten nähert.

„Guten Abend", begrüsst Opa die Menschen, die angehalten sind und zum Fenster im dritten Stock hinaufschauen, weil Aljoschka dorthin sieht. Mami kann man bereits im Fenster sehen.

„Guten Abend", antwortet der Herr und zieht seinen Hut ab. Er ist elegant angezogen. Den Kopf seiner Begleiterin schmückt auch ein Hut mit einem roten Band aus Samt. Sie nimmt den Hut nicht ab, aber sichert ihn mit der Hand, wenn sie nach oben zur Mamis Fenster schaut.

„Was ist denn da los? Will die Person vielleicht aus dem Fenster springen?", fragt die Dame mit hoher Stimme.

„Das ist keine Person, das ist meine Mami!", verteidigt Aljoschka die Person im Fenster.

„Armes Kind!", ruft die Dame mit grossem Mitleid.

„Vielleicht will sie nicht springen, Edna", versucht der elegante Herr seine Meinung leise anzubringen.

„Erlauben Sie mir bitte Ihnen die Situation zu erklären", tritt Opa ins Gespräch.

„Du solltest die Feuerwehr rufen, Richard. Sie müssen mit langer Leiter vorrücken und die Person retten!"

„Das ist keine Person, das ist meine Mami!", wiederholt Aljoschka.

„Armes, armes Kind!", wiederholt die Dame mit dem roten Band auf dem Hut, ohne ihre Augen vom Fenster wegzureissen.

„Ich bitte Sie diesen Platz für unser Experiment freizuräumen und sich als Zeugen am Resultat zu beteiligen", sagt Opa jetzt mit lauter Stimme, die keine Kompromisse erlaubt. So kennt Aljoschka den Opa sonst nicht.

„Was für ein Experiment?", fragt Richard mit Interesse.

„Armes Kind!", wiederholt Edna.

„Wir werden das Experiment vom freien Fall nachmachen, das Galileo Galilei in Pisa durchgeführt hat. Meine Tochter im dritten Stock wird zwei Gegenstände aus dem Fenster werfen, einen leichten und einen schweren. Die Frage ist, welcher früher auf den Boden ankommt", erklärt Opa das Vorhaben.

„Natürlich fallen beide gleichzeitig runter", ist sich der Herr sicher.

„Unsinn!", beurteilt Edna diese Aussage von Richard mit noch höherer Stimme. „Der schwere kommt früher. Weil eben schwerer. Ist doch klar!"

„Wichtig ist, dass niemand zu Schaden kommt. Ich meine, dass kein Hut und kein Kopf zerstört wird. Treten wir doch alle in Sicherheit und erklären wir diese Stelle zum Sperrgebiet", fordert Opa alle auf, wie ein Leutnant, der für seine Soldaten die Verantwortung trägt.

„Schwerer kommt früher!", behauptet Edna und es sieht so aus, dass auch sie in voller Erregung das Experiment beobachtet.

„Kommen beide gleich an!", will sich Richard durchsetzen.

„Auf die Seite bitte", kommandiert Opa alle.

„Schwerer kommt früher!", steht Edna hinter ihrer Aussage und begibt sich in sichere Entfernung.

„Ich wette meinen Hut gegen deinem, dass beide gleichzeitig auf den Boden krachen!", bietet Richard eine Wette an.

„Und womit willst du deinen schlauen Kopf im Winter schützen?", lächelt Edna.

„Nimmst du die Wette an?", fragt Richard sachlich.

„Aber natürlich! Obwohl, was soll ich mit deinem Hut! Aber gut. Angenommen. Die zwei Herren da sind Zeugen."

Opa ist begeistert, dass sein Experiment so viel Aufregung schafft, und bestätigt, dass er und sein Enkel als Zeugen bei der Wette fungieren. Er schaut herum, ob sich jemand dem Sperrgebiet nähert. Aber niemand ist zu sehen.

Wer gewinnt die Wette?

„Bereit?", ruft Opa laut ins dritte Stockwerk hoch.

„Ja!", hört man Mamis Stimme.

„Ich zähle bis drei. Dann los!"

„Gut!", Mami bereitet beide Säcke auf dem Fensterrahmen vor.

Die Spannung wächst.

„Eins...zwei...und drei!", zählt Opa laut und klatscht mit beiden Händen über seinem Kopf bei „drei".

Mami stösst die Tüte mit der linken und den Sack mit der rechten Hand aus dem Fenster raus. Sie tut das möglichst gleichzeitig. Wenn jemand in der Küche wäre, würde er so was wie ein leises „Oh, mein Gott!" hören.

Die beiden mit Wasser gefüllten Plastikbehälter nehmen an Geschwindigkeit zu und landen mit einem „PLATSCH" auf der Strasse. Beide sind zerplatzt und bilden zwei Pfützen auf dem Gehsteig.

„Sie sind gleich schnell gefallen!", meldet Aljoschka!

„Genau. Die Erde beschleunigt im freien Fall alle Gegenstände genau gleich, egal, wie gross oder schwer sie sind", wiederholt Opa Galileis Definition.

„Er hat zwei hundert gekostet...Aber ich gebe es dir erst zuhause ab. Wer weiss, was noch an diesem Abend aus den Fenstern fliegen wird!", deklariert Edna die Wette als verloren.

„Vielen Dank für dieses wunderbares Experiment und noch einen schönen Abend", bedankt sich Richard und in seinen Augen könnte man gewisse Genugtuung, aber auch

Bewunderung zu den Experimentatoren merken. Er setzt seinen Hut wieder auf seinen Kopf und bietet seiner Dame den Arm an.

„Abend", kommt aus Ednas Mund eher leise. Beide gehen um die Wasserpfützen herum und verschwinden hinter der Ecke.

Opa geht nach Hause

Es hat nicht lange gedauert und Mami ist erschienen. Man sieht, sie hat sich ziemlich beeilt.

„Ist was passiert? Alle gesund? Oh Gott, Opa, was denkst du dir immer aus. Ich habe solche Angst gehabt! Wer waren die Leute?"

Mami spricht schnell und es mangelt ihr an Luft. Hinter ihr her springt Barik und schnüffelt an den Pfützen auf dem Boden, wo Galileos Tüten gelandet sind Er verliert aber schnell das Interesse, da es sich um reines Wasser handelt.

„Nur keine Panik, keine Panik!", versucht Opa seine Tochter zu beruhigen. „Das waren unsere Freunde Edna und Richard! Sie haben auf unser Experiment ihre Hüte gewettet!", meldet Opa weiter.

„Und Richard hat den Hut von Edna gewonnen, von der Frau, aber ich denke, es passt nicht so zu ihm", äussert Aljoschka seinen Geschmack.

„Ich verstehe kein Wort!", beklagt sich Mami. Wer zum Teufel ist Richard? Was für eine Hutwette?" Es ist offensichtlich, dass Mami besorgt ist, weil sie die Worte 'zum Teufel' ausschliesslich im Fall höchster Aufregung braucht, oder wenn sie böse ist.

„Ich erkläre es dir sofort, meine liebste Tochter."

„Ja, bitte", sagt Mami immer noch in Aufregung. Barik kreist um seine Familie und will spielen.

„Als wir bereit waren das Experiment zu starten, hat unsere Überwachungsdienst, also wir beide, gemerkt, dem Versuchsgelände nähern sich unangemeldete Menschen."

„Was?", fragt Mami, die jetzt noch weniger versteht.

„Opa will sagen, zwei ältere Menschen sind gekommen", erklärt Aljoschka die Situation.
„Aha. Und?"
„Naja. Die Dame hat den Eindruck gewonnen, dass jemand aus dem Fenster springen will", erklärt Opa weiter.
„Und sie wollte das Feuerwehrauto rufen!"
„Wer, um Gotteswillen, wollte aus dem Fenster springen?", fragt Mami und ihre Augen suchen die unglückliche Person in irgendeinem offenen Fenster des Hauses, aber entdeckt niemanden.
„Na, die Dame dachte, du willst springen."
„Ich? IIIIICH????"
„Ja! Aber Opa hat ihnen erklärt, dass wir ein Experiment machen und du uns dabei hilfst. Opa hat auch erklärt, dass wir wissen wollen, welcher Sack schneller zum Boden fällt. Und die beiden haben gewettet", erklärt Aljoschka alles mit einfachen und verständlichen Worten. Mami beginnt langsam alles zu verstehen und beruhigt sich:
„Also, sie waren nicht böse?"
„Nein! Sie haben mitgemacht, sehr am Resultat interessiert", erklärt Opa mit Erleichterung.
„Na gut. Und wer hat die Wette verloren?", fragt Mami, jetzt am Resultat des Experiments interessiert.
„Du!", klingt die Antwort von Opa und Aljoschka zugleich. Beide lachen.
„Ich? Ich habe doch gesagt, dass alle Gegenstände gleich schnell runterkommen!", behauptet Mami.
„Nein! Du hast gesagt, der schwere kommt schneller!", erinnert Aljoschka an Mamis Aussage.
„Nein!", lacht Mami. Nein, nein, nein!"
„Ich sehe, nächstes Mal müssen wir alle Aussagen auf Papier niederschreiben und unterzeichnen", schlägt Opa eine Lösung des Problems vor.
„Und ich muss langsam. Weil der Zug in ...", Opa zieht seine Taschenuhr raus, die an einer Silberkette hängt und die Aljoschka so sehr bewundert, „... in 20 Minuten fährt."
„Schade", sagt Aljoschka mit trauriger Stimme.
„Na, noch zwei Wochen und dann kommst du mit Mami zu mir. Gut?", besänftigt Opa seinen Enkel.
„Na dann, gute Fahrt", verabschiedet sich Mami und umarmt ihren Vater. Er küsst sie auf der Stirn. „Danke für den Kuchen und den Tee und den sehr angenehmen Tag", bedankt er sich und hebt Aljoschka hoch. „Pass auf Mami auf, bis Papa nach Hause kommt. Versprochen?"
„Versprochen", sagt Aljoschka und fühlt sich sehr gross.
„Also, auf Wiedersehen!"

„Wiedersehen!", rufen beide, Mami und Aljoschka, und schauen Opa so lange nach, bis er hinter der Ecke verschwindet.

„So. Und jetzt nach Hause, wir haben noch viel zu tun", sagt Mami und hebt die zerplatzten Tüten auf. Sie wirft sie in eine Abfalltonne und folgt Aljoschka, der inzwischen im Hauseingang verschwunden ist. Hinterher springt Barik, der sich auf seine Schüssel mit leckerem Futter freut.

Viel zu tun

Wenn unsere Freunde in die Wohnung kommen, widmet sich jeder seinen Aufgaben. Barik wartet auf der Schwelle, er weiss, seine Pfoten müssen zuerst abgewaschen werden, dass er den Fussboden nicht schmutzig macht. Jeder Hund weiss das. Und wir wissen, Kinder, dass Hunde keine Schuhe tragen (warum eigentlich nicht?) und so warten sie, bis die Pfoten sauber sind. Denn nur so bekommen sie kleinen Leckerbissen - ein Hundebiskuit oder einfach ein kleines Stück vom harten Käse. Das mag Barik sehr und deshalb hebt er ungeduldig eine Pfote nach der anderen und lässt sie von Aljoschka abwaschen. Wenn dieses Ritual beendet ist, nimmt Aljoschka einen Hundekeks aus einer kleinen Box heraus und gibt ihn Barik als Entlohnung. Barik schluckt den Leckerbissen, ohne zu kauen, aber vorsichtig, dass er Aljoschkas zärtliche Finger nicht verletzt. Dann stürzt er sofort zu dem Platz, wo seine Schalen stehen: eine mit Wasser, eine mit Futter. Die zweite ist leer. Barik verlangt heftig und laut seine Portion. Aljoschka holt aus der Kammer eine Tüte mit Flocken und schüttelt sie in Bariks Futterschale. Barik wedelt mit seinem Schwänzchen hin und her. Ein wenig Wasser macht aus den Flocken schmackhaften Brei und schon verschwindet die Hundeköstlichkeit in Bariks Eingeweide.
„Iss langsam!", rät Aljoschka, weil er selbst oft Ähnliches von Mami oder Papi hört.

Mami hat sich auf den Rest des Geschirrs gestürzt, Aljoschka hilft alles vom Esstisch aufzuräumen. Barik, der inzwischen mit seinem Abendmahl fertig ist, lässt sich auf seinem Kissen unter dem Fenster nieder und schläft sofort ein.

„Hast du alles bereit für die Schule?", fragt Mami vom Spülbecken.

„Ja, habe ich", antwortet Aljoschka ruhig.

„Gut. Dann hilf mir noch das Geschirr abzutrocknen und dann darfst du noch eine Weile malen, wenn du Lust hast."

„Hat Opa mit dir auch Experimente gemacht?", fragt Aljoschka und trocknet einen Teller mit einem Wischtuch.

„Oh ja. Einige. Aber andere, als er dir zeigt", erinnert sich Mami.

Das Ei-Experiment

„Welche? Erzähle mir!", möchte Aljoschka wissen.

„Lass mich nachdenken... Na, zum Beispiel hat er vor mir auf den Tisch zwei Eier gelegt und gefragt, welches roh ist und welches gekocht."

„Das ist doch kein Experiment!", behauptet Aljoschka mit Despekt. „Es reicht sie aufzuschlagen. Rohes fliesst raus, gekochtes kann ich essen. Ein Experiment für Mädels!"

„Ach ja? Wirklich? Nun, die Aufgabe war das festzustellen, ohne die Eier aufzuschlagen oder zu zerbrechen. Also? Wie kannst du es herausfinden?"

„Weiss ich nicht", gibt Aljoschka nach einer Weile zu.

„Ich habe es damals auch nicht gewusst. Mein Vater hat dann beide Eier schnell wie ein Kreisel gedreht."

Mami zeigt die Bewegung mit beiden Händen. „Das rohe Ei drehte sich langsam und blieb schnell still stehen Dagegen drehte sich das gekochte Ei schnell und lange."

„Aha, so ein kleines Experiment", definiert Aljoschka die Art des Versuchs.

„Ja. Sie waren einfach. Einmal habe ich auf seiner Veranda gesessen und den Sonnenuntergang angeschaut."

„Du meinst, wie sich die Erde um sich drehte, ja?", lächelt Aljoschka.

„Ja! Genau. Also, ich schaute und fragte Papa, warum die Sonne rot ist, wenn sie untergeht. Und Papa hat ein Stück grünes Glas genommen, es war ein Scherben von einer Bierflasche, glaube ich, und forderte mich auf, durch dieses Glas die Sonne anzuschauen. Und weisst du, welche Farbe die Sonne plötzlich hatte?"

„Na grüne, ist doch klar!", weiss Aljoschka sofort die Antwort.

„Nein. Keine!", sagt Mami.

„Was? Keine? Wieso?", wundert sich Aljoschka.

„Na, es war gelblich, aber Papa hat mir erklärt, dass es eigentlich Farben gar nicht gibt. Das ist eine Eigenschaft unserer Augen und des Gehirns. Licht ist Wellen. Und in

unseren Augen sind verschiedene Zellen, man nennt sie Rezeptoren, die auf verschiedene Wellen verschieden reagieren und Nachrichten an das Gehirn schicken."
„Nachrichten? Oho! Wie im Radio?", wundert sich Aljoschka.
„Ja. Eigentlich, ja", denkt Mami nach und räumt letzten Teller in den Schrank. „Schau. Wenn du das Wort HONIG hörst oder im Buch liest, woran denkst du?"
„Süss! Gelb-braun! Gut!", Aljoschka leckt sich die Lippen als Zeichen eines Schmauses.
„Genau. Das interpretiert dein Gehirn das gesprochene oder gelesene Wort. Weil es ja NUR ein Wort ist. Buchstaben."
„Ich verstehe es nicht!", beklagt sich Aljoschka.
„Das ist so: Wenn ich dir das erste Mal Honig gegeben habe, habe ich dir gesagt: Das ist Honig. Und du hast es gelernt. Und genau so ist es mit Farben. Wenn deine Augen eine bestimmte Lichtwelle sehen, lernst du, dass das grüne, rote oder blaue Farbe ist."
„Oder orange, braune, gelbe." ergänzt Aljoschka.

Opas Pendel-Experiment

„Und welche Experimente hat Opa noch mit dir gemacht?", will Aljoschka unbedingt wissen.
„Nur noch ein einziges", erinnert sich Mami. „Es war das letzte."
„Warum?", fragt Aljoschka neugierig und ahnt, dass es tiefe Gründe gab.
„Naja. Das war das Experiment mit dem Foucaultschen Pendel, das dir Opa heute erklärt hat", erzählt Mami.
„Ach ja! Das war der Leon! Der mit dem Pendel die Drehung der Erde bewiesen hat!", erinnert sich Aljoschka.
„Genau. Dein Opa war so begeistert von der Idee, als er davon irgendwo gelesen hatte, dass er es unbedingt und sofort selbst versuchen wollte."
„Zuhause?", fragt Aljoschka.
„Ja. Er hat meine Mutter gefragt, ob er das Pendel in der Stube an die Decke aufhängen durfte. Und deine Oma hat ihn geschimpft, dass er nie erwachsen würde und auf keinen Fall – und, und, und."
„Ich erinnere mich nicht an meine Oma", sagt Aljoschka traurig.
„Du warst erst zwei Jahre alt, als sie gestorben ist."
„Wie ging es weiter?"
„Mit dem Pendel? Naja, mein Vater war immer von solchen Dingen wie besessen. Er dachte immer darüber nach. Und dann hat er das Pendel auf dem Dachboden aufgehängt. Du weisst, wie es dort aussieht", bemerkt Mami. Es ist keine Frage.
„Ja, weiss ich. Viele interessante Dinge dort!", bestätigt Aljoschka.
„Alte. Und verstaubte", fügt Mami zu.
„Ein altes Bett und ein Sessel. Und ein riesiger Holzschrank. Dort hat Mama Gläser mit

Essiggurken gelagert, und Kompotts, und Honig. Der Schrank war voll davon", erinnert sich Mami an die alten Zeiten.

„Auch die Schachtel mit Nadeln und Schrauben und Werkzeug!", ist Aljoschka begeistert. „Und eine Truhe mit einer Uniform!"

„Ja, letzten Sommer hast du mit der Oberst-Mütze herumgelaufen und Opa hat dich gelehrt, wie man richtig salutiert", lächelt Mami. „Der Bäcker im Laden hat salutiert vor dir und gefragt, ob Herr Oberst vier oder fünf Brötchen für seine Kompanie braucht."

„Ja! Ich weiss es noch! Aber die Mütze war zu gross und ist mir immer über die Nase und Augen gerutscht. So konnte ich nichts sehen."

„Gott sei Dank. Sonst würdest du sie auch in der Schule auf dem Kopf haben und dem Lehrer salutieren", lacht Mami.

Das Pendel auf dem Dachboden

„Wie ging es weiter mit dem Pendel?"

„Das war das letzte Experiment, das mein Vater zuhause durchgeführt hat. Wie gesagt, hat er ein Drahtseil besorgt und auf ein Ende eine Stahlkugel montiert. Teufel weiss, woher er die hatte. Sie war nur ein wenig kleiner, als die Kugel, die früher Sträflinge am Fuss angekettet hatten."

„Ojojo!", wundert sich Aljoschka.

„Dann hat er eine Leiter genommen, du weisst ja, das Dach ist dort hoch. Und auf den Hauptbalken hat er das Seil aus Stahl mit der Kugel aufgehängt."

„Du warst dabei?", fragt Aljoschka und stellt sich Opa hoch auf der Leiter vor.

„Nein, ich war in der Schule. Als ich zurück kam, rief er mich und meine Mama zu sich und führte uns nach oben auf den Dachboden. Und dort hing das Pendel senkrecht an einem sehr langen Seil aus Stahl."

„Das Pendel! Es pendelte?", fragt Aljoschka und ist vor Aufregung ausser sich.

„Nein, es pendelte nicht, es hing ganz ruhig. Opa hat viele Dinge dort umgestellt, so, dass das Pendel Platz hatte. Auf dem Holzboden hat er zwei Markierungen mit Kreide angebracht und hat meiner Mama feierlich aufgefordert, die Kugel auf eine der Marken zu positionieren. Mami hat beide Hände dazu gebraucht. Wenn es Mama erlaubt hätte, würde mein Vater sicher das ganze Dorf zu diesem feierlichen Ereignis zusammenrufen, wie damals Foucault in Paris."

„Mit Zylinder und Zwicker!", klatscht Aljoschka mit den Händen.

„Auf jeden Fall hielt mein Vater seine Taschenuhr in der Hand. Du kennst sie ja. Diese altmodische an einer silbernen Kette."

„Er hat die Uhr immer noch. Ich hab sie heute gesehen."

„Genau. Also, es war damals, glaube ich, sechs Uhr abends. Oder sieben? Ich weiss es nicht mehr genau. Mein Vater hat die Uhr in der Hand gehabt und Mami gesagt, erst wenn er ein Zeichen gibt, darf sie die Kugel loslassen."

Aljoschka sieht die Szene vor seinen Augen, wie in einem Film.

„Dann hat er angefangen zu zählen, als wenn eine Raumfähre zum Mond starten würde. Zehn, neun, acht, sieben..."

„Sechs, fünf, vier, drei...", zählt Aljoschka mit Mami zusammen laut.

„Zwei, eins, los!", zählen beide unisono in der Küche.

„Und dann?", fragt Aljoschka.

„Dann hat meine Mama die Kugel losgelassen. Das Pendel am Balken hat angefangen zu pendeln. Genau von einer Kreidemarke zur anderen."

„Konntest du die Erddrehung sehen?", fragt Aljoschka neugierig.

„Nein. Wir haben das Pendel eine Weile beobachtet, aber dann hat Mama gesagt, sie hat viel zu tun und keine Zeit, um auf eine rostige Kugel zu starren, die auf ihrem Dachboden hin und herwackelt. Und das Kind muss Hausaufgaben machen. Damit hat sie mich gemeint. So sind wir nach unten gegangen und Mama und auch ich das Pendel mehr oder weniger vergessen."

„Und Opa?"

„Der ist ab und zu auf den Dachboden geklettert und das Pendel kontrolliert. Dann hat er uns berichtet, dass die Erde sich dreht. Seine Augen waren voll von Begeisterung", erinnert sich Mami.

Was schief gehen kann, geht auch schief!

„Und wie ging es weiter?", Aljoschka ist ganz gespannt, wie die Geschichte mit dem Pendel weiter geht.

„Na ja", seufzt Mami. „Wir haben gegessen, ich habe meine Hausaufgaben gemacht und wir sind dann schlafen gegangen. In der Nacht - ich weiss nicht mehr, wie spät es war - hat mich ein riesiger Krach geweckt. Ich dachte, auf unser Haus ist eine Bombe gefallen. Aber es waren viele Bomben. Bum, Batz, Krach. Glas, Holz, ich war überzeugt, auf unserem Haus ist mindestens ein Jumbojet gelandet."

„Ha! Was ist passiert?", und Aljoschka hat vergessen seinen Mund zu schliessen.

„Niemand konnte es begreifen, wir alle sind aus unseren Betten herausgesprungen. Wir haben uns in der Küche getroffen. Von oben hörten wir einen schrecklichen Lärm. Als wenn ein paar Verrückte auf dem Dach mit riesigen Beilen alles zerschlagen würden. Wusch, krach, bang!", Mami versucht die Geräusche nachzumachen. Aljoschka ist still und gespannt.

„Wir hatten Angst. Es nahm kein Ende. Mein Vater hat aus dem Schrank ein Küchenmesser genommen, das grösste, das er fand. Meine Mutter stand da wie gelähmt, ich hatte Angst um meinen Vater, der entschlossen war, alle Räuber aus dem Haus wegzujagen."

Mami ist plötzlich ernst. Auch Aljoschka spürt, es war damals keine lustige Situation. Es war gefährlich.

„Waren Räuber dort oben?", fragt er gespannt.

Es waren keine Räuber!

„Plötzlich wurde es ruhig dort oben. Wir haben unsere Ohren gespitzt, aber nichts mehr. Stille", erzählt Mami weiter. „Wir warteten noch eine Weile und dann haben wir es gewagt auf den Dachboden aufzusteigen. Zuerst mein Vater mit dem Messer, dann Mama und ich, bereit sofort in Sicherheit zu laufen."

„Und dann?"

„Wir sind auf den Dachboden gelangt und haben eine Szene des Schreckens vorgefunden". Mami seufzt tief. „Der Holzschrank war zerschlagen, so, als wenn er einen Stoss mit einer Dampflokomotive erlitten hätte. Nur Haufen von Holzstücken. Und überall Glassplitter von zerschlagenen und zerbrochenen Gläsern. Auf dem Boden haben sich Gurken mit Honig und Aprikosen im Sirup gemischt und das ist durch Spalten im Holzboden nach unten durchgeflossen, darin Glasscherben und Splitter."

„Was war passiert?", fragt Aljoschka erschrocken.

„Na, weisst du, die Erde hat sich tatsächlich unter dem Pendel gedreht und ihm den Schrank mit Kompotten, Honig und all den Köstlichkeiten in den Weg gestellt. Die Kugel war massiv und schwer und hat viele Male den Schrank getroffen, den Inhalt zerstört, es war einfach eine Verwüstung, eine Verheerung, wirklich als wenn eine Bombe dort explodieren würde."

„Ojoj. Schlimm, hm?"

„Ganz schlimm. Ja. Meine Mutter hat fürs Aufräumen 14 Tage gebraucht. Alles war klebrig von den Unmengen von Honig, der mit süssem Sirup und saurem Essig vermischt war."

„Das kann ich mir vorstellen", behauptet Aljoschka.

„Kannst du nicht!", sagt Mami. „Ich musste natürlich helfen. Es war schrecklich!"

„Und Opa?", fragt Aljoschka.

Opas feierlicher Schwur

„Opa? Er hat voll von Trauer und Demut das Pendel demontiert und irgendwohin als altes Eisen entsorgt. Er sprach kaum noch. Und dann musste er vor meiner Mutter feierlich schwören, dass er nie mehr Experimente auf dem heiligen Boden des Hauses durchführen wird."

„Hat er geschworen?", fragt Aljoschka.

„Ja. Und sein Versprechen gehalten."

Luftballons

Das Geschirr ist trocken und verstaut, die Küche aufgeräumt und gemütlich. Aljoschka geht in sein Zimmer, die Lehrbücher sind in der Schultasche bereit und auch sonst alles, was ein Junge für die dritte Klasse braucht. Unter dem Fenster steht sein kleines Pult mit Lämpchen, er zieht seine Farbstifte aus der Schublade und ein grosses Papier zum Malen. Dann malt er ein Dach, in die Spitze einen senkrechten Strich. Dazu benötigt er ein Lineal. Am unteren Ende malt er eine Kugel. Ja, das war das Pendel auf dem Dachboden, das eine klebrige und süsse Katastrophe im Haus seiner Grosseltern verursacht hat. Auf dem Boden malt Aljoschka verschiedene Gläser mit Obst und sonst allen Dingen. Er malt gerade den auf dem Holzboden fliessenden Honig, als er aus der Küche das Telefon klingeln hört.

„Ja? Aha. Ja!", und andere Worte, die er durch die geschlossene Tür nicht versteht. Dass Mamis Stimme anders, als sonst tönt, das erkennt Aljoschka aber sehr gut. Er lässt den Honig fliessen und rast in die Küche.

„Wer ist das!?", es ist keine Frage, eher eine Aufforderung. Er ahnt, wer das ist, aber dann schweigt er und wartet.

„Gut, alles klar, natürlich. Ja? Wunderbar! Wir freuen uns sehr-sehr-sehr!", Mamis Stimme ist zart und weich, wie Samt.

„War das ...?", fragt Aljoschka.

„Ja. Mittwoch Nachmittag", sagt Mami und richtet ihr Haar, als wenn es keine Zeit bis Mittwoch Nachmittag gebe.

„Hurrrraaaaaaaaa!!!!!!!!!", Aljoschka tanzt in der Küche und Mami lacht und beide lachen und Mami will auch tanzen. Sie schaut sich um, ob keine fremden Augen sie beobachten, weil so springen und mit einem achtjährigen Jungen um den Tisch herumlaufen, gehört sich doch nicht in ihrem Alter! Aljoschka packt Mami mit beiden Händen und beide drehen sich schnell und lachen vor Freude.

„So. Jetzt in die Dusche, Zähne putzen, dann ins Bett!", sagt Mami atemlos, nachdem die beiden aufhören sich zu drehen.

„Gut, ich gehe ja schon!", antwortet Aljoschka, auch wenn er lieber noch mit Mami in der Küche bleiben möchte. Aber es war ein anstrengender Tag und auch er spürt die Müdigkeit.

Als er aus dem Bad zurück ist, im Pyjama und bereit fürs Bett, küsst er Mami auf die Wange.

„Gute Nacht, Mami."

„Gute Nacht, mein Junge. Es war ein schöner Tag".

Mami umarmt Aljoschka und er verschwindet in seinem Zimmer. Im Bett schaut er zur Decke, wo immer noch Luftballons schweben. Seine Augen sehen Opa, Pferde, den Luftballon mit seinem Brief, Papa in Jeans und weissem Hemd, Honig auf dem Boden, Pendel und, und... und Aljoschka schläft ein.

Die letzte Schulwoche

Am azurblauen Himmel tummeln sich weisse Wolken. Aljoschka kann sie gut aus dem Klassenfenster sehen. Es ist warm draussen und die Schulferien sind in einer Woche. „Noch eine ganze unendliche Woche!", denkt Aljoschka. Nicht, dass er die Schule nicht mögen würde. Natürlich, mag er, wie jedes Kind, einige Fächer mehr, andere weniger. Er mag Geschichte und Mathe. Auf den Unterricht aber kann sich Aljoschka heute nur mit Mühe konzentrieren. Na, eigentlich gar nicht. Übermorgen kommt Papa nach Hause. Oh, wie unendlich lange hat Aljoschka den Vater nicht gesehen? Hundert Jahre. Ja.
Er versucht sich Papa vorzustellen, so, wie er ausgesehen hat, als er weggefahren ist. Aber es gelingt Aljoschka nicht so gut. Nur an die Umarmung erinnert er sich jetzt, kräftige Hände und die samtene Stimme:
„Warte auf mich, Al. Sorge um deine Mutter. Pass auf sie auf, bitte. Und auf dich auch. Ich komme bald wieder und dann bleiben wir zusammen. Gut?"
„Wohin fährst du, Papa?", fragte Aljoschka und versuchte seine Stimme zu beherrschen. Zuerst nach Island und dann nach Grönland", antwortete Papa mit ernster Stimme.
„Ist das weit?"
„Ja, es ist weit. Ich werde dir wieder was mitbringen und ab und zu schreiben. Gut?", sagte die samtene Stimme.
So irgendwie war es. Aljoschka hört in seinem Kopf die Worte wie ein Lied, wie eine Melodie, eine traurige Melodie, weil es ein Abschied war. Aljoschka erinnert sich, dass Tränen über seine Wangen geflossen sind, obwohl er das nicht wollte. Vor dem Haus wartete ein grüner Jeep mit Kollegen von Papas Institut. Dann umarmte Papa Mami. Was er gesagt hat, weiss Aljoschka nicht, er war so schrecklich traurig. Dann stieg Papa ins Auto und weg war er. In der Kurve hat er noch gehupt. Es war ein Gruss. Mami hatte nasse Wangen, die sie mit der Hand wegzuwischen versuchte.
Noch zwei Male Schlafen und Papa kommt. Und er bleibt eine Weile.
Die Glocke hat das Ende des Unterrichts bekannt gegeben. Heute hat Aljoschka keine Ahnung vom Stoff gehabt.

Überraschung

Zuhause gibt Aljoschka Barik frisches Wasser in die Schale und auch was auf den Zahn, wie Mami das Hundefutter bezeichnet.
„Barik hat aber viele Zähne!", lautet immer Aljoschkas Bemerkung, die auf wissenschaftlicher Beobachtung basiert. Denn er hat Barik mehrere Male beim Fressen

aus der Nähe beobachtet und könnte schwören, es gibt mehrere Zähne. Wie viele, das konnte unser Wissenschaftler nicht feststellen, da Barik gegen Zahnuntersuchungen heftig protestierte. Deshalb wurde die Zähnezählung auf unbestimmte Zeit verschoben. Mami bereitet Teig für den Apfelkuchen, denn das ist Papas Lieblingssüssigkeit, wobei Aljoschka gegen diesen Kuchen auch keine Abneigung hat. Im Gegenteil. Wenn auf dem Teller das letzte Stück geblieben ist, haben beide wie Gladiatoren um die Kostbarkeit gekämpft. Sie haben die Ellbogen auf den Tisch gestützt und sich bemüht mit voller Kraft die Hand des Gegners zur Tischplatte zu drücken. Komischerweise hat Aljoschka immer gewonnen, aber als würdiger Gladiator und Sieger hat er die Hälfte des letzten Apfelschmaus an den Bezwungenen abgegeben. Auch Barik ist nie zu kurz gekommen. Ein Stück vom Kuchen hat er von Mami bekommen, obwohl er sich an dem Faustkampf nicht beteiligt hat.

Mami schneidet Äpfel in dünne Scheiben, die sie auf den Teig legt, als es plötzlich klingelt.

„Kannst du bitte schauen, wer das ist?", wendet sich Mami an ihren Sohn, da sie Finger voll Teig hat. Aljoschka öffnet die Tür. Da steht ein Mädchen. Sie könnte so alt wie Aljoschka sein, vielleicht ein wenig älter. Neben dem Mädchen steht ein schlanker Mann im weissen T-Shirt und grauen Hosen, der Aljoschka aus ziemlicher Höhe anschaut und lächelt.

„Hallo!", sagt das Mädchen ernst. „Bist du...", sie zieht einen Zettel aus, der genau so aussieht, wie der Brief, den Aljoschka mit Opa am Sonntag aus dem Fenster auf die lange Reise geschickt hat, „bist du Alex?"

Dann liest sie alle Angaben aus Aljoschkas Brief.

„Ja. Das bin ich!" Lächelt Aljoschka entgegen.

Barik, der inzwischen alles gefressen und getrunken hat, bestätigt die Angaben mit kurzem Bellen. Das Mädchen tritt einen Schritt zurück.

„Du musst keine Angst haben, es ist ein freundliches Hündchen", versichert Aljoschka den Mädchen. Der Mann lächelt weiter und sagt dann:

„Ich bin Michael. Und dieses Mädchen da hat deinen Brief auf einem Baum vor unserem Haus entdeckt. Sie kletterte auf den Baum, um den Brief runterzuholen, heisst Luisa."

Da steht auch schon Mami in der Tür, die schnell ihre Hände vom Teig gewaschen hat.

„Kommen Sie doch bitte rein und verzeihen Sie, dass es hier nicht ordentlich ist, da ich gerade am Backen bin. Ich habe im Kühlschrank frische Limonade. Draussen ist es doch sehr warm. Nehmt ihr beide ein Glas mit uns?"

„Wir wollten eigentlich nicht stören", sagt Michael sofort. „Diese junge Dame war so neugierig, wer den Brief auf so originelle Weise geschickt und sich eine Briefmarke gespart hat. Da musste ich alles stehen und liegen lassen und sie zu dieser Adresse begleiten", erklärt er.

„Freut uns sehr, kommt doch rein, nach eurem sicher langen Weg ertragt ihr doch ein kühles Getränk", besteht Mami.

„Na, was meinst du, Luisa? Ertragen wir es?"

„Ja, ich denke schon", antwortet Luisa, ohne ihren Blick von Barik zu wenden.

„Darf ich den Hund streicheln?", fragt sie.

„Ja. Er hat gerade gefressen und hat keinen Hunger!", sagt Aljoschka, als wenn es sich um ein Krokodil handeln würde. Dabei er lächelt, so dass Luisa begreifen kann, dass Aljoschka nur scherzt.

„Wo lebt ihr?", fragt Aljoschka, als alle am Tisch sitzen und vor sich kühle Limonade haben.

„In einem Städtchen, das östlich von dieser Stadt liegt", sagt Michael.

„Wie weit ist es?", fragt Aljoschka weiter, weil er von Neugier brennt zu wissen, wie weit und wie lange sein Luftballon geflogen ist.

„Ich würde es auf 35 Kilometer schätzen, ich meine den Luftweg, nicht auf der Strasse", sagt Michael nach einer Weile, zur Decke schauend. Aljoschka schaut auch auf die Stelle, wo Michael ganz sicher diese Angaben gelesen hat. Aber die Decke ist sauber weiss.

„Nur 35 Kilometer?", beklagt sich Aljoschka, weil er sich vorgestellt hat, dass sein Luftballon mindestens nach so exotisch klingende Namen von Orten geflogen ist, die er von seinem Papa gehört hat, wie Kuala Lumpur, Addis Abeba, die Weihnachtsinsel, Reykjavik oder so. Aber 35 Kilometer? Er ist enttäuscht.

„Was hast du erwartet?", fragt Luisa, die fast beleidigt ist, dass Aljoschka unzufrieden ist, weil sie nicht mindestens auf dem Nordpol lebt und nicht mit dem Schlitten angereist ist. Allerdings würde sie in diesem Fall nicht auf einen Baum klettern müssen, weil, das wusste sie vom Vater, auf dem Nordpol keine Bäume wachsen. Eigentlich schade, denkt sie für sich. Luisa klettert sehr gerne auf Bäume.

„Weisst du, es ist für so einen kleinen Ballon eigentlich eine ordentliche Reise. Er war klein und auch sein Material war auch nur Gummi", erklärt Michael mit Verständnis für Kinderträume. Ein richtiger Luftballon besteht aus leichtem Stoff und ist sehr-sehr gross. So einer kann viele hundert Kilometer fliegen.

„Wie gross müsste so ein Ballon sein, der mich tragen könnte?", fragt Aljoschka und sieht sich schon in der Luft.

„Solche gibt es. Sie haben einen Brenner unten und fliegen mit heisser Luft", erklärt Michael.

„Weil heisse Luft leichter ist als kalte!", glänzt Aljoschka mit seinen neuen Kenntnissen, die er von Opa am Sonntag erfahren hat.
„Aha! Ich sehe, du bist auf dem Gebiet der Physik zuhause!", wundert sich Michael.
„Dass heisse Luft nach oben fliegt, weiss doch jedes Kind!", will sich Luisa nicht beschämen lassen.
„Ja? Wie weisst du das?"
„Wenn man im Ofen heizt, fliegt Rauch und Russ auch durch den Kamin nach oben!", erklärt Luisa und wirft beide Arme nach oben. „Und ich will auch mitfliegen!".
„Wie fliegen?", fragt Michael.
„Na, mit Alex in so einem grossen Luftballon. Hast du gedacht, er wird mit Heissluft fliegen und ich das nur von unten zuschauen?"
„Das lässt sich organisieren. Aber ist kein günstiges Unterfangen."
„Ich gebe mein ganzes Taschengeld dafür!", entscheidet Luisa.
„Und ich meins!", sagt Aljoschka sofort.
„Sicher?", fragt Michael lächelnd.
„Ja!", rufen beide Kinder einstimmig.
„Wie viel kostet so ein Flug?", fragt Mami ernst.
„Na, schon paar Hundert pro Stunde. Aber die Reisenden können sich natürlich die Kosten teilen. Wenn Sie wollen, kann ich es herausfinden. Ein Freund von mir könnte einen Flug mit so einem Luftballon organisieren", denkt Michael nach.
„Ja, frag ihn!", lautet die Anweisung von Luisa, als wenn sie gewohnt wäre, solche Aufträge täglich zu verteilen.
„Bitte, klären Sie es ab. Wir können uns ja wieder treffen. Mein Mann wird auch schon da sein und wir werden es zusammen anschauen, ja?", sagt Mami.
Dann trinken sie Limonade, Michael schreibt Mami seine Adresse und Telefonnummer auf einen Zettel. Dann verabschieden sie sich.

Papa kommt nach Hause

Natürlich konnte Aljoschka von Dienstag auf Mittwoch kaum schlafen, auch wenn Kinder normalerweise gut schlafen. Mami dagegen hat lange bis in die Nacht etwas in der Küche vorbereitet, das hat Aljoschka riechen können. Sicher macht Mami was Leckeres im Backofen, der Duft ist bis in sein Zimmer vorgedrungen, aber dann ist er doch eingeschlafen.
Am Mittwochmorgen beim Frühstück sieht er Mami mit einem Lächeln auf den Lippen, Mami sagt kaum etwas.
„Um welche Zeit kommt Papa, Mami?", fragt Aljoschka und kaut gleichzeitig an seinem Brot.
„Irgendwann später Nachmittag oder gegen Abend."

„Also nicht in der Zeit, wenn ich in der Schule bin?"

„Nein, du hast heute Schule nur bis Mittag. Ist doch Mittwoch", erinnert ihn Mami.

„Ach ja, hab ich total vergessen!", sagt der junge Mann und bereitet sich auf den Weg vor.

„Warte mal!", stoppt ihn Mami und gibt Aljoschka einen Apfel für die Pause.

„Nicht, dass du ihn zurückbringst oder verschenkst. Klar?"

„Ja, klar!", antwortet Aljoschka, aber ist mit Gedanken bereits voll im Nachmittag. Heute hat er keine Lust auf Unterricht. Gut, dass der heute nur einen halben Tag dauert.

„Gib mir einen Kuss und pass auf dich in der Schule auf!"

Und schon ist Aljoschka im Treppenhaus und Mami schliesst die Tür und stürzt sich auf den letzten Schliff der Vorbereitungen in der Wohnung mit unverändertem Lächeln auf den Lippen.

Papa ist da

Aljoschka ist unkonzentriert, aber versucht den Unterricht in der Klasse möglichst aufmerksam zu verfolgen, auch wenn es nicht einfach ist. Ehrlich gesagt, ist die Materie über Verben und Adjektive für ihn nicht gerade hinreissend, aber irgendwie übersteht er das und wartet ungeduldig auf die Glocke, die das Ende des Unterrichts signalisiert. Und schon läutet die Glocke und Aljoschka packt schnell Bücher und Hefte in seine Schultasche und stürmt nach Hause wie ein Tornado. Barik begrüsst Aljoschka heftig bellend an der Tür. Auf dem Tisch in der Küche steht bereits Aljoschkas Teller. Er stürzt sich zum Tisch, aber Mami stoppt ihn sofort:

„Was deine Hände? Will der junge Mann etwa meine köstliche Suppe mit ungewaschenen Händen essen?"

Aljoschka rennt sofort ins Badezimmer und wäscht seine Hände mit Seife und schon ist er wieder am Tisch.

„Ich habe Hunger wie der braune Bär! Ob Bären Suppen essen?"

„Na, meine würden die Bären sicher mögen!", lächelt Mami und giesst eine Portion in seinen Teller.

„Bist du aber schnell zuhause heute!", äussert sich Mami und setzt sich zu ihrem Sohn.

„Weil ich Papa nicht verpassen will, wenn er kommt!", Aljoschka lässt sich schmecken. Nach der Suppe landet auf dem Tisch etwas in Teig mit Kartoffelpüree. Es riecht gut.

„Was ist denn da versteckt im Teig, Mami?", fragt er mit dem Besteck in den Händen.

„Fisch", antwortet Mami.

„Hast du den Fisch selber gefangen?", scherzt Aljoschka und beginnt zu essen.

„Ja klar. Seit heute Morgen habe ich am Fluss mit der Angelroute gesessen und einen gefangen. Er war schon in den Teig gekleidet und ich habe nur das Püree zubereitet", lächelt Mami.

Aljoschka ist fertig und bekommt Limonade.

„Jetzt mach deine Hausaufgaben und dann wirst du dein T-Shirt und die neue Hose anziehen. Wir werden auf Papa warten. Ich will, dass du Papa als gepflegter junger Mann begrüsst."

„Ja, klar. Ich werde besser als der Junge vom Karussell aussehen!" Aljoschka verschwindet mit der Schultasche in seinem Zimmer.

Später, wenn alles fertig ist und Aljoschka sein Indianer T-Shirt und die Hose angezogen hat, nehmen beide, Mami und Aljoschka, Platz am Fenster in der Küche und beobachten die Zufahrtsstrasse zum Haus. Und es dauert nicht sehr lange und beide sehen mit klopfenden Herzen einen Jeep, der vor dem Hauseingang anhält. Sie hören drei lautstarke Hupen des Signalhorns und schon rennen sie alle das Treppenhaus runter, als wenn sie ein hungriger Löwe verfolgen würde. Dabei ist es nur Barik, der sie alle laut bellend überholt und als erster unten ist. Er hopst und hüpft und tanzt auf den Hinterbeinen wie ein Hündchen im Zirkus. Nur ein Hut fehlt ihm! Vor der Tür steht Papa, ein grosser schlanker Mann in Jeans und staubigem Hemd. Er sieht aus wie ein Tramp aus dem Western, unrasiert, mit dem Gesicht von Sonne gezeichnet, was bezeugt, dass er viel Zeit im offenen Gelände verbracht hat.

„Ah Barik, ja, ja, du mein braver Hund, hast du auf meine Lieblinge aufgepasst? Hm?", besänftigt Papa das in die Höhe springendes Wesen, das sicher eine Medaille im Hochsprung gewinnen würde. Und schon fliegt Aljoschka in die Luft wie ein Feder. Dann spürt er die starke Umarmung und denkt, Papa wird ihn zerdrücken wie eine Tomate, aber es fühlt sich so gut an, so gut!

„Papa! Papa! Ich habe dich soooo vermisst!"

„Und ich dich, du grosser Mann! Du bist verdammt gross geworden. Willst du etwa grösser als ich sein?", fragt Papa mit gestellter Ernsthaftigkeit.

„Ja klar! Und dann fahre ich mit dir. Und werde mit dir angeln an einem wilden Fluss und Fische in Teig fangen und in der Wildnis servieren!"

„Aber nur, wenn wir den Fisch mit blossen Händen essen werden!", lacht Papa und umarmt dann Mami, sie sagen beide nichts. Absolut kein Wort. Nur eine lange-lange Umarmung. Mami und Papa merken gar nicht, wie zwei andere Männer Taschen und Gepäck aus dem Jeep ausladen und es zur Wohnung nach oben tragen. Und dann verabschieden sie sich und das Auto verschwindet hinter der Ecke. Mami, Papa und Aljoschka gehen dann nach oben und Barik ist wie immer als Erster da. Aljoschka fragt und fragt und fragt:

„Jetzt bleibst du bei uns? Und wo warst du überall? Was ist in den Schachteln? Hast du mir Steine gebracht? Fahren wir zu Opa am Wochenende? Hast du Bären gesehen?"

„Oho! Langsam, mein Sohn! Lass mich Luft holen und dann eins nach dem anderen!

Und ich habe Hunger und sicher bekomme ich einen Fisch im Teig!", lächelt Papa und schaut Mami an.

„Woher weisst du das?", wundert sich Aljoschka.

„Naja, irgendwie habe ich es erraten", sagt Papa geheimnisvoll.

Papa erzählt

In der Küche stehen Taschen und verschiedene Schachteln und auch Papas Rucksack. Der Tisch ist feierlich bedeckt, auch eine Flasche mit Weisswein und zwei Gläser sind da. Aljoschka bekommt natürlich keinen Wein, sondern eine Limonade, das ist ja selbstverständlich. Papa und Aljoschka sitzen schon und Papa öffnet die Flasche und giesst den Wein in die beiden Gläser ein. Mami serviert die Suppe aus einer Schale, einem Hochzeitsgeschenk ihrer Mutter, und setzt sich auch an den Tisch.

„Willkommen zuhause, Peter!", sagt Mami feierlich und alle heben ihre Gläser hoch. Mamis Augen sind ein bisschen feucht, das kann man sehen.

„Willkommen zuhause, Papa", ruft Aljoschka. Die Gläser klingen, als die Familie auf Papas Rückkehr anstosst.

„Wo warst du überall und was hast du dort alles gemacht?", fragt Aljoschka und lässt es sich die Suppe schmecken.

„Na, wir waren zuerst in Grönland und dann auf Island. In Grönland kann man das älteste Gestein auf der Erde finden, das von der Entstehung der Erde stammt. So können wir etwas über die Erdgeschichte erfahren", erklärt Papa.

„Wo ist Grönland? Und wo ist Irland?", fragt sofort unser neugieriger Aljoschka, so wie wir ihn ja kennen.

„Nach dem Essen werde ich es dir zeigen. Und nicht Irland, sondern ISLAND!", korrigiert Papa Aljoschka mit einem Lächeln.

„Du hast mir einen Stein von Grönland und einen von Island mitgebracht?"

„Aber klar doch! Wie könnte ich deine Sammlung vergessen!"

„Und Mami hast du auch Steine gebracht?", fragt Aljoschka.

„Ich denke, Mami sammelt noch keine Steine", Papa schaut Mami mit lachenden Augen.

„Was heisst NOCH keine!", fragt Mami. „Ich will keine in meiner Küche oder sonst irgendwo. Ich bin keine Sammlerin!"

„Na, ich habe damit irgendwie gerechnet und habe dir doch etwas anderes gebracht."

„Ja? Was, was?", ist Mami neugierig.

„Überraschung!", ruft Papa und ist mit seinem Teller fertig. „Jetzt kommt sicher der Fisch im Teig aus dem wilden Fluss!"

Ja, und mit Kartoffelpüree aus Kartoffeln, die ich persönlich in einem Gemüseladen ausgegraben habe", erklärt Mami, dass niemand denkt, dieses feierliches Abendmahl wäre etwa zu gewöhnlich.

„Endlich ein richtiges Essen!", sagt Papa lobend. „Nach diesem Leben in der Wildnis habe ich mich wirklich sehr darauf gefreut. Und ein richtiges Bad in der Badewanne."

Die Teller sind bis zum letzten Bisschen geleert worden, die Flasche ist halb voll geblieben.

Geschenke

„Und jetzt die Kleinigkeiten für meine Liebsten", sagt Papa und stellt eine grosse Schachtel auf den Tisch.

Zuerst zieht er aus der Box ein grosses Buch.

„Das ist für dich, Al", Papa nennt seinen Sohn Al. Niemand sonst nennt Aljoschka so. Er fühlt sich dabei sehr erwachsen.

„WELTATLAS", liest Aljoschka die grossen Buchstaben. Ein Bild der Erdkugel ist abgebildet. Aljoschka kennt dieses Bild und weiss, die Astronauten der Apollo-Mission haben es fotografiert, als sie nach der Mondlandung zurück zur Erde geflogen sind. Aljoschka öffnet das grosse dicke Buch und sieht viele Bilder, darauf die Sonne und die Planeten, dann viele Bilder der Erde mit allen Kontinenten. Es gibt Informationen über viele Länder, jede am Anfang mit einer Nationalflagge, die Aljoschka sofort bewundert. Neben jeder Flagge ist auch ein ähnliches Bild, aber mit vielen verschiedenen Mustern:

„Was ist denn das?", fragt Aljoschka.

„Das sind sogenannte Wappen. Das haben oft Länder, in denen Könige oder Fürsten regieren, und es sind sehr alte Abbildungen. Auch Städte und alte Familien haben Wappen", erklärt Papa und legt eine kleine Schatulle aus Holz vor Mami.

„Für mich?", fragt Mami trotzdem.

Papa nickt mit dem Kopf.

„Ein Stück von Island. Aber nur sehr kleines."

Mami öffnet die kleine Schatulle und zieht ein wunderschönes grün-funkendes Mineral in einer Fassung aus Gold, das Ganze ist an eine Kette angehängt.

Anhänger aus Uwarowit
Bild aus Wikipedia:

„Oh Gott, ist das wunderschön!", ruft Mami. „Wunderschön, wunderschön!"
„Das ist ein seltener Granat."
„Oj, Granat? Wird er bald explodieren?", befürchtet Aljoschka.
„Keine Angst, so nennt man solche Kristalle. Sie entstehen tief in der Erde", beruhigt Papa seinen Sohn.
„Und ich dachte, Granate sind immer rot", wundert sich Mami.
„Es gibt eine Reihe von verschiedenen Granaten. Dieser heisst UWAROWIT", erklärt Papa und sieht, er hat sein Geschenk gut ausgewählt. Er steht auf und legt den Schmuck Mami um ihren Hals.
„Darf ich schnell?", sagt Mami und läuft zum Spiegel im Korridor. Sie bewundert diesen Stein, der mit grünen Blitzen funkt. Und schon packt Papa aus der grossen Schachtel weitere Gegenstände heraus und legt ein ganz graues Gestein vor Aljoschka.
„Was ist denn das?", fragt Aljoschka, weil er einen ganz gewöhnlichen Stein sieht: keine Funkeln, keine Farben.
„Du wirst dich wundern, mein Sohn, aber das, was du siehst, ist der älteste Stein auf der Welt. Er ist aus der Zeit, als sich die Erde erst gebildet hat, also mehr als vier Milliarden Jahre alt. Die Erde ist ungefähr vierundeinhalb Milliarden Jahre alt!"
„Oho! Und wie viel ist eine Milliarde?", fragt Aljoschka und schaut das Gestein schon ein bisschen mit anderen Augen an.
„Eine Milliarde ist ein Tausend Millionen. Eine Zahl, oder ein Alter, die sich auch Erwachsene kaum vorstellen können. Dieses Gestein kommt aus Grönland. Dort und auch noch in Australien kann man heute solche alten Steine finden."
„Opa hat erzählt, dass die Erde aus Staub geballt wurde und der Staub kommt aus Sternen, die explodiert sind, vor soooo langer Zeit. Und ich habe eine Erde gemalt! Siehst du? Dort auf dem Kühlschrank!", zeigt Aljoschka Papa stolz seine Erde.
„Das stimmt genau. Ja. Ich sehe deine Erde. Aber die Kontinente sehen ein bisschen anders aus", lächelt Papa.
„Schauen wir in deinem Atlas, wo Island und Grönland sind. Und wie die Kontinente wirklich aussehen. Gut? Aber zuerst noch einige Kleinigkeiten, die ich dir mitgebracht habe."
Papa zaubert eine weitere Schachtel heraus und legt sie vor seinen Sohn. Aljoschka entdeckt ein Instrument und erkennt sofort, es ist ein wunderschöner Kompass in einem runden, aus Messing gefertigten Körper mit ausklappbarem Deckel.
„Jeeee", ruft Aljoschka mit Bewunderung, „Ein Kompass! Den können wir gut brauchen, wenn wir mit Michael mit dem Luftballon fliegen werden!"
Papa versteht nichts und Mami lächelt.
„Ja, das erkläre ich dir nach dem Kuchen, ja?
„Du bleibst jetzt bei uns, Papa? Wir müssen in den Ferien zum Opa, weisst du? Wir

werden dort alles Mögliche machen und Opa hat versprochen, wir werden dort Fische fangen!"

„Das ist gut, das ist sehr gut. Hoffentlich werden sie im Teig sein!", lächelt Papa und umarmt seinen Sohn. Sie haben sich doch soooooo lange nicht gesehen.

Da können ja weitere Erzählungen über Papas Reise und alle weiteren Fragen, die Aljoschka schon auf der Zunge liegen, auf das nächste Buch warten. Nicht wahr, Kinder?

ENDE des ersten Teils von „Luftballons"

Tom Goldberg

Was im nächsten Buch vorkommt:

- Die schwimmenden KontinenteIsland
- Was ist Magnetismus
- Aljoschkas Kompass tanzt
- Was ist Polarlicht
- Ohne Mond – kein Leben
- Wieder ein Grieche!
- Eratosthenes Berechnung des Erdumfangs
- Wir fahren zu Opa!
- Gewitter
- Was sind Blitze ?
- Warum donnert es?
- Tornados, Hurrikans
- Warum blitzt es zuerst und erst dann donnert ?
- Meteoren im August

www.ingramcontent.com/pod-product-compliance
Lightning Source LLC
Chambersburg PA
CBHW050723180526
45159CB00003B/1113